JN284554

老犬との幸せな暮らし方

認知症・病気・介護・日常生活から最新治療法まで

獣医師
石井万寿美＝著

水曜社

前書き

この本の前身となる『老犬との暮らし方』を出版したのは、２００７年の6月でした。それから5年の歳月が流れて、日本の犬はますます高齢化しています。飼い主が大事に世話をしているので、今や15歳ぐらいの犬は珍しくなくなりました。

仮に犬の寿命を15年とすると、シニアが7歳から始まるとして、犬の寿命の半分がシニアになるわけです。

犬もシニアになれば、人間同様、体力も筋力も落ちてきます。病気にもかかりやすくなります。飼い主が「犬の老い」に対する正しい知識を持っていないと、急に重篤な病気に襲われたり、寝たきりになったりした時に、おろおろしてしまいがちです。

知識があれば、病気になってから治療するのではなく、病気にならないように積極的に「老い」と戦うことができます。私の理想は「ピンピンコロリ」です。老いても、自分で食べて自分で排泄して、そして、あまり苦しまず一生を全うしてほしいのです。犬と悔いなく暮らすために、本書を読んで正しい知識を持っていただきたいと思います。

私が一緒に暮らしているミニチュア・ダックスフンドのラッキーも、9歳が過ぎて、僧房《そうぼう》弁閉鎖不全症《べんへいさふぜんしょう》の1期になりました。若いうちは体調不良といっても、食べてはいけないもの（ハンドクリームやリップグロスなど！）を食べて下痢をする程度でしたが、もう慢性疾患にかかる年齢になったのです。今は、毎日進行を遅らせるために内服薬を飲ませています。積極的に「老い」と向き合えば、僧房弁閉鎖不全症から併発しがちな肺水腫で亡くなることもほぼないのです。

愛犬が長生きするのは喜ばしいことです。それだけに、シニア期に入り、飼い主が「こんなはずではなかった」と嘆かなくてもいいように、本書を手渡したいです。愛犬が老いを迎えても、飼い主は不安なく、幸せで充実した時間を過ごしていただきたいと願っています。

2012年7月

石井万寿美

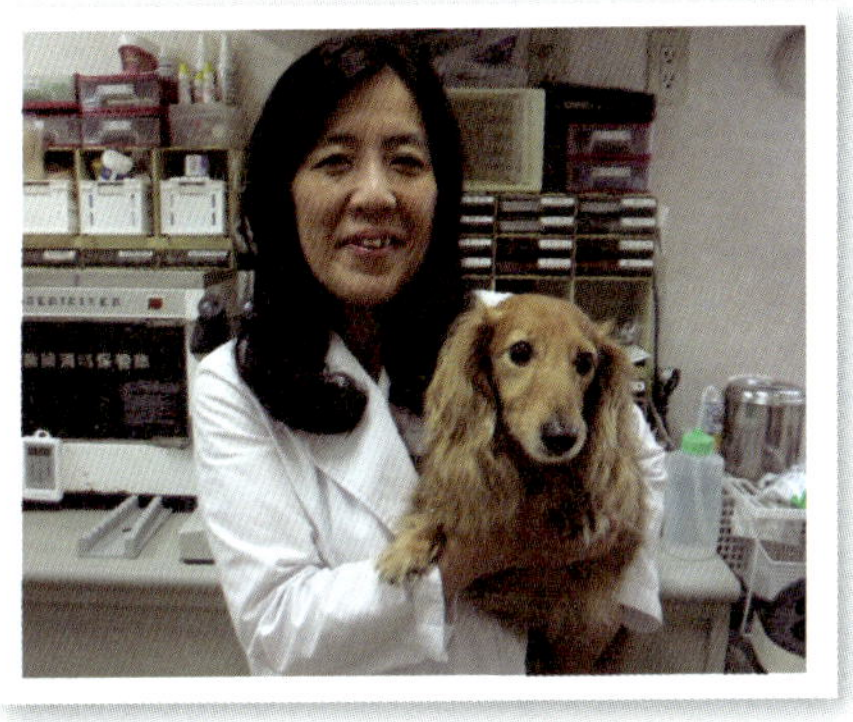

CONTENTS

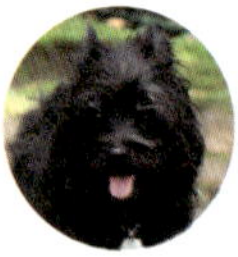
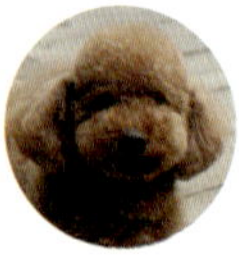
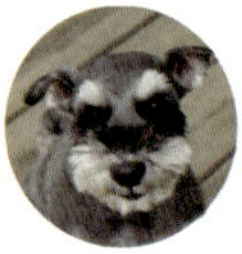
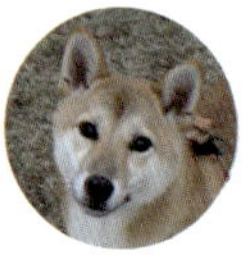

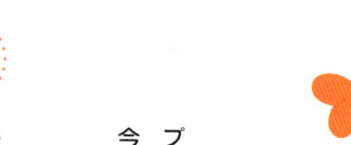

4章 毎日の老犬生活はここに注意

5章 看取るということ

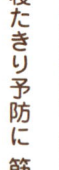

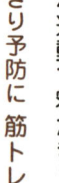

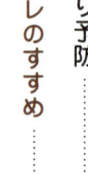

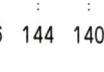

プロローグ

今の犬はなぜ長生き？

犬＝番犬という時代もありましたが、
今や犬は家族の一員です。
飼い主は、短命の原因となるフィラリア症や
伝染病にかからないよう当然のように予防し、
ちょっとした異変にも敏感です。
今では10年以上長生きする犬は、
珍しくなくなりました。

ここ20~30年ほどで、獣医学は様変わりしています。

例えば1980年代に、昔ロシアの皇帝がかわいがっていたボルゾイを衝動的に飼ってしまっても、さほど問題はありませんでした。ひとめぼれが許された時代だったのです。それはひとえに犬の寿命が短かったからです。

当時は犬に「老い」という概念すらありませんでした。要するに犬は老いる前に死んでいく動物だったのです。

ところが今では、10年以上生きる犬も全く珍しくありません。このように長生きになった原因はいくつか考えられます。

理由その1　飼い主の愛情

犬は無償の限りない愛情を飼い主やその家族に与えてくれます。犬は「犬」という存在を超えて、「家族」や「恋人」のような存在になります。

飼い主たちはそんな「家族」や「恋人」のちょっとした異変にも敏感です。

普段より食べる速度が遅いとか、歩きたがらないといった**異変を察知したら、すぐさま動物病院に連れていきます。この段階で病気の早期発見が可能です。**

「ガンのようですね、手術しましょう」となったとします。ここで「高齢だし、痛い目に合わせるよりは様子を見ましょう」と手術を見送ると老犬はできあがりません。

「ラッキー痛いんでしょう、ママと一緒にガンと闘いましょう」と手術に挑むと、病気を克服してさらに長生きになります。

「愛」の力で犬の寿命は延びています。

理由その2　伝染病で亡くならない

1980年代までは、犬の伝染病が数多くありました。ジステンパーや犬パルボウイルス感染症で命を落とす犬がたくさんいました。

ジステンパーも犬パルボウイルス感染症も混

合ワクチンを2回以上打ち、その後、年1回ワクチンを打てば確実に防げる病気です（余談ですが、まれにペットショップで注射済みと書いてあっても、実際は打っていなかったり、ワクチンが冷蔵されておらず効力のない場合もありますので、注意が必要です）。

今でこそ主治医を持つ犬が多く、年1回のワクチンは常識になりつつありますが、20年以上前の日本では1万円前後するワクチンを打つ犬はまれでした。時代がかわり**ワクチンが常識となった現在、抵抗力が弱い子犬の時期を無事に過ぎると、老犬ができあがるのです。**

理由その3 フィラリア症の予防

30年ほど前の動物病院で繰り広げられていたのは、フィラリア症でお腹が腹水でぱんぱんに膨れあがり、咳をしている犬が数多く来院している光景でした。

当時は外で飼われている犬が多く、これがフィラリア症の1つの原因になっていました。

フィラリア症は蚊が媒介する病気で、屋外で何の予防もしていない犬は１００％といっていいほど、フィラリア症になっていたのです。フィラリアは寄生虫の一種で、感染後半年も経つと犬の体の中で20～30センチの虫に成長します。虫の数が少ない間は肺動脈内に寄生し、数が増えるにつれ心臓の右心室・右心房、そして大動脈へとあふれ出ていきます。最後は腹部が腫れて何も口にしなくなり、体温が低下して亡くなります。フィラリア症を発症して治療をしないと5～6年の命なので、長生きはできません。

１９８０年代にもフィラリア症の薬はありましたが、５００円硬貨以上ある、かなり大きな薬を毎日あげなければなりませんでした。愛犬家でも、毎日忘れずに薬を飲ませ続けるのは大変なことです。

しかし、１９８６年に月1回飲ませればよいという救世主のような薬が登場。以後、フィラリア症にかかる犬が急速に減りました。

✻ペットの平均寿命

資料提供：東京農工大学・日本小動物獣医師会・日本愛玩動物協会

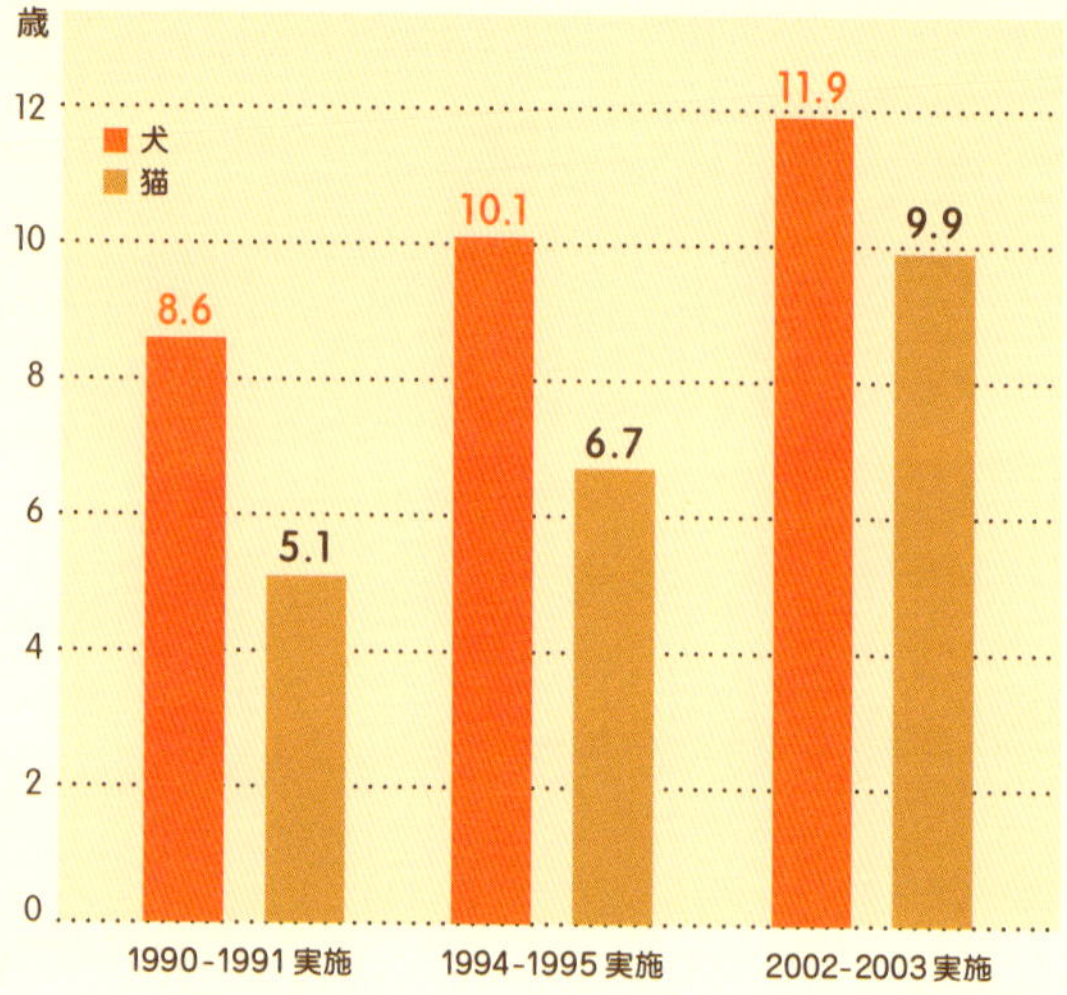

理由その4　室内飼いの増加

犬が長生きになった原因の4つ目は室内飼いが増えたことです。

　室内飼いの犬が長生きする理由として、まず雨風に当たらないことがあげられます。温度変化が少ないと、免疫力が落ちにくく、病気にもなりにくいようです。逆に外にいると、雪の日に肺炎になったり、炎天下で熱中症になったりします。

　また、室内で一緒に寝起きしていると、飼い主が愛犬のちょっとした変化に気づきやすいこともあげられます。

　室内飼いでは、「こんなになるまでほっておくなんて信じられない！」というほど病状が悪化してから連れてこられる飼い犬はほとんどいません。

　こうしたさまざまな要因のおかげで、犬の寿命はぐんと延びたのです。

1章

犬が年をとるって どういうこと？

愛犬は、いつまでも若く元気なのが
飼い主にとっては理想です。
でも、生きている以上必ず「老い」は
やってきます。少しでも若々しい
老犬になってもらうためにも、
犬の「老化」とはどんなものかを
知っておくことが大切です。

犬の寿命は短い

犬は人間よりもずーっと速く年をとる

動物は生き続けている限り、病気にもなるし、「老い」もやってきます。犬も例外ではありません。

自分の犬には、「老い」などはなく、気がついたら寿命だったというのが理想です。しかし、残念ながら愛犬にも老いは必ずしのびよってきます。

だからこそ、ここで「老い」についてしっかり理解し、気持ちの備えをすることが大事です。きちんと知っていれば、大きく人生観、世界観が変わって、目からウロコが落ちること間違いなしです。

犬にも、人間のように寿命というものがあります。つまり、この世からいなくなる、亡くなる時期がある程度決まっているのです。寿命が延びたとはいっても人間のように、70歳、80歳などと長生きではなく、よく生きて20年です（そこまで生きる犬はまれですが……）。

大きさや犬種によって、老いのスピードには差があります。**大型犬では7年目くらいから、小型犬は**比較的ゆっくりで、**10年近くなってからシニア期に入る**といわれています。また、調査によれば、**純血種よりも雑種の方が長生き**です。

人間で考えてみても、中年の域に入っているのに、お腹も出ないし、元気で若々しい人もいます。一方で、髪の毛が薄くなったり、白髪が増えたりして実際の年齢より老けて見える人もいます。

犬にも同じことがいえます。犬は人間のように、若い時はもっと速く走れたのにとか、これから年老いて動けなくなったらどうしようかと思い悩みません。老いがやってきても、不安になったりせずのんびりと安らかな顔をしています。むしろその変化におろおろするのは飼い主の方です。

＊老いの主な症状

薄暗いところでぶつかる。

トボトボと散歩する。

音に鈍感になる。

耳が聞こえづらくなる。

寝てばかりいる。

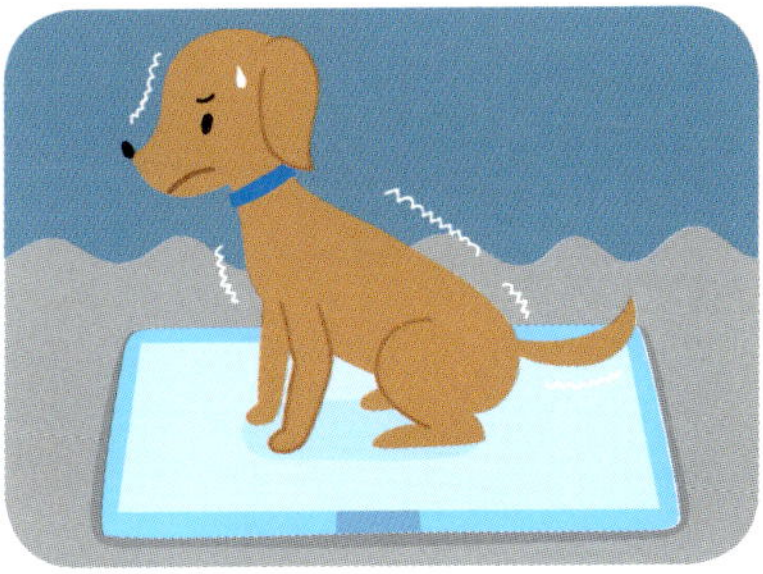

ウンチが出にくくなる。

食事に興味を示さない。

反応が鈍くなる。

Bow!

＼大型犬から小型犬まで大きさで寿命は違う／

小型犬がいちばん長生き

体格による老いの差

ボストン・テリア

ゴールデン・レトリーバー

✻ 大型犬のなかま

バーニーズ・マウンテン・ドッグ

L 大型犬

大型犬とは、20キロ以上ある犬のことをいいます（各犬種の理想体重→100ページ）。

20キロ以上ある大型犬は、小型犬よりも寿命が短く、7歳ぐらいから老化が始まります。犬の本来の体重は20キロ前後なのですが、人間が改良を重ねて、グレート・デーン、セント・バーナード、ニューファンドランドのような50キロを超える犬を作り出しました。

大型犬は本来の犬の骨格よりも大きいため、**股関節に負担がかかり、股関節形成不全に陥ることが多くあります**。股関節形成不全を発症すると、下半身が動かなくなり、寝たきりになるケースがよく見られます。

他にもいろいろ理由があるのでしょうが、20年近く生きる大型犬にはお目にかかったことがありません。短い分一緒にいる時間を大切にしましょう。

✻小型犬のなかま

シー・ズー

トイ・プードル

✻中型犬のなかま

ボーダー・コリー

柴

ウェルシュ・コーギー・ペンブローク

M 中型犬

中型犬とは、7キロから20キロまでの犬のことをいいます。中型犬の大きさが、犬の元来の大きさです。20年近く生きる犬もいます。ただし、9歳を過ぎると老化が始まります。**体重もそれなりにあり、寝たきりにもなる**ので犬の老いに対する正しい知識を持っていることが大切です。

S 小型犬

小型犬とは、7キロ以下の犬のことをいいます。

小型犬は、大型犬に比べて長生きです。腰に負担がかからないし、基本的に室内飼いされているので、環境の変化も少なく保護された生活をしているからです。それでも10歳前くらいから老化の兆候が見られます。ただ、体重が軽いので、寝たきりになるケースは中型犬に比べて多くありません。

長生きとはいえ、なりやすい病気を知り、早めに予防しましょう。

＼長寿犬の上位は雑種が多い／

純血種では柴が長生き

血統による老いの差

純血種の長生きナンバーワンは柴。

健康に生まれた雑種は長生きする傾向にある。

純血種より雑種の方が一般的に長生きです。なぜでしょうか。

純血種の犬は、産まれる前から、レントゲン写真やエコーで検査され、自然に産まれるかどうかの判定をされます。骨盤の大きさや胎児の頭の大きさを見て、帝王切開にするかどうかを判断するのです。胎児は放射線を浴びています。また、自力で産めない場合は、帝王切開で産ませます。純血種の犬は、出産予定日もわかり、温かい寝床を用意してもらい、安全なところで出産することがほとんどなのです。

一方、雑種は「あれ、太った？」と思ったら妊娠しているケースも多いのです。ちなみに、ここでいう雑種とは、いつ交配したよくわからないものです（ミックス（デザイナーズ・ドッグ）は、人間が異犬種を無理やり交配させたものと考えています）。雑種の場合、出産ができるかどうかを調べる人はほとんどいません。純血種の犬のように、人間側の要求で無理やり交配するわけではないので、自分で産めないということは、滅多にありません。

出産は人間も犬も同じですが、やはり命をかけての一大事です。雑種の場合は、そう保護されることもないので、産めない場合は母子ともに死んでしまいます。

要するに雑種の場合、健康に産まれてきた犬は育ち、そうではない犬は淘汰されるのです。多少の悪環境でも生き抜ける犬が残るので、雑種は病気にもなりにくい遺伝子が残りやすいのです。

専門用語では「**雑種強勢**」といいます。**長寿犬の番付の統計によると、上位はほぼ雑種**がしめています。ついで**柴犬が長生き**です。柴が長生きなのは、日本で繁殖されたため、比較的日本の風土に合っているからです。

Point

今増えている「デザイナーズ・ドッグ」とは？

犬は本来発情期にしか交配しません。発情期に、自分の力で相手を探せるというのは、それだけで積極的で健康な印です。要するに子孫を残そうとする本能が働いているわけです。犬は多産ですが、先天的に弱い子ももちろんいます。そういう子は、自然淘汰されるのが自然の流れです。

ところが、今流行りのデザイナーズ・ドッグは、自然に持っている生命力などは関係なく、発情がきたら人間にとって都合のいい犬種同士を人の手で無理やり交配させています。人間が手厚く面倒をみるので、弱い子が簡単に淘汰されることもありません。人間の勝手で交配するという点では、純血種と同じですが、新たなかけ合わせが多く、かかりやすい病気などがわかりにくいです。

また、小さめの犬同士をかけあわせる傾向にありますが、成犬で2キロ以下だと体力も弱く、下痢をしてもすぐ低血糖を起こして危険です。ちょっとしたことが生命にかかわってきます。

長生きなのはいわゆる「雑種」であり、こうしたデザイナーズ・ドッグではありません。

デザイナーズ・ドッグは、同じ両親から生まれても、どちらの犬種に似るかで体型や容貌が随分と違います。だからこそ「世界に1頭しかいない我が子」がかわいいのでしょうが、ただかわいいというだけでは、長く一緒に暮らすことはできません。そうした事情を頭に入れたうえで飼いましょう。

＼犬と人間の標準年齢換算表／

7 years old

犬の7歳は人間の何歳？

獣医師をやっていると、「先生、この子、人間の年にしたら何歳になりますか？」とよく聞かれます。私は、犬の5年目、10年目、15年目といわれればすぐに実感がわきますが、飼い主はそうはいかないようです。

左ページのグラフを参考にしてもらえればいいのですが、例えば、

「うちのラブラドール、今年で8歳になるけれど、人間でいうたらどのくらいの年になるのやろ」

と尋ねられます。

「そうですね。60歳過ぎですね」

「そんなら、僕より年上なんか……」

と、しんみりしたりします。人間と犬の寿命は違うので、一般の人にとっては、人の年齢に置き換えると、より自分の犬の老いが理解できるのでしょう。

人間の年に換算することで飼い主に実感がわくのなら、それもまたいいかなと思うようになりました。

ドッグイヤーという言葉があるように、犬の1年は人間の年に換算すると7、8年になるので、愛犬は飼い始めて何年目かで飼い主の年を超えていきます。

大型犬と小・中型犬を比べると、**初めは小・中型犬の方が速く年をとりますが、4歳で大型犬が追い抜き、以降大型犬の方が速く年をとります。**

長寿犬プースケは人間でいうと120歳！

2010年に長寿犬のギネス世界記録に認定されたプースケは、2011年に26歳9か月で亡くなりました。人間でいえば、120歳以上にあたります。

プースケは柴と雑種のミックスで小型犬サイズ。長寿の条件を満たしていたといえます。

✻ 犬年数グラフ（人間に換算した大型犬、小型犬・中型犬の年齢）

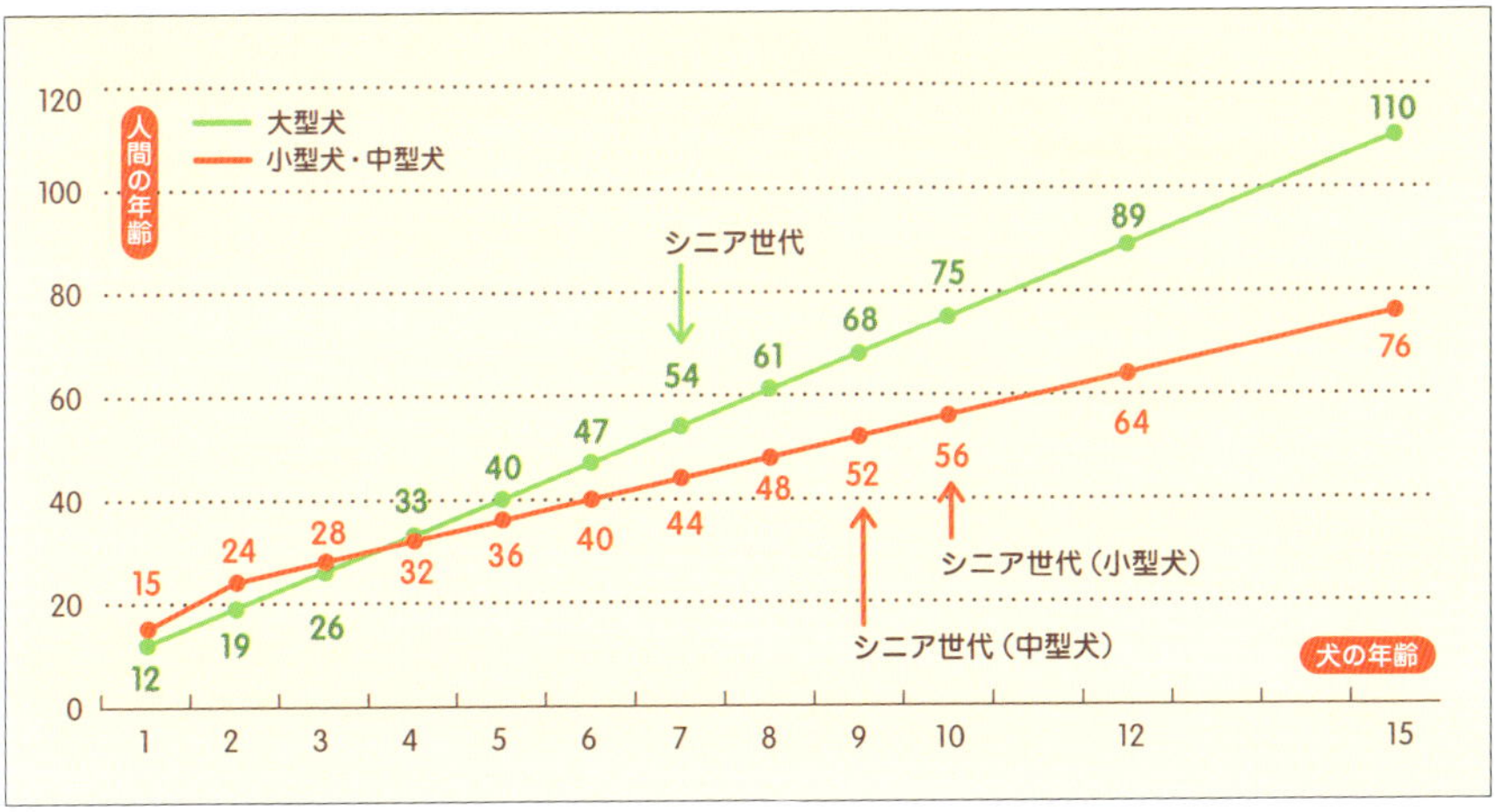

データ提供：日本ヒルズ・コルゲート（株）／編集部にて改変

✻ 大型犬と小型犬では寿命も異なる

小型犬は 10 歳から
シニア期に入る。

大型犬は7歳からが
シニア期。

＼こんな兆候が見えたら老いがやってきている／

老いのサインを見逃すな！

sign of old age

老いは急激にやってくるものではありません。人間と同じく徐々にやってきます。

犬の老いを確認するには、手で触れるのがいちばんです。体を触ってみると、太っていた犬でも筋肉が落ちるので、背骨、肩の骨にゴツゴツと触れるようになります。そうなると「老化が始まり出したな」と思って間違いありません。

後ろ足（後肢）を触ってみてください。股関節のところから、骨は大腿骨そして脛骨《けいこつ》へとつながっています。そこにある後ろ側の筋肉（半腱様筋）などが薄くなっているのがわかります。もちろん大腿骨の前についている筋肉（外側広筋）も薄くなります。筋肉が薄くなると、歩けなくなるし、ウンチをきばるのも難しくなります。

顔も筋肉がゆるんでくるため、目の間や耳が開き気味になり優しい表情になってきます。毛もツヤがなくなり、白毛も増えてきます。

ほかにも目が見えにくくなったり、耳が聞こえづらくなったりといった、人間と同じような老化現象が現れます。

ここでは、全身と顔に分けて簡単にわかる老化のサインを説明します。

長毛の犬は年とともに毛が伸びにくくなる。

毛　あまり伸びなくなってくる

・若いころは丸刈りにしても、すぐに毛が伸びてきますが、高齢になると毛の伸びが鈍くなり、1度刈ってしまうとフサフサは戻りません。
・シー・ズー、ヨークシャー・テリア、シェットランド・シープドッグ、ゴールデン・レトリーバーなどの毛の長い犬は、特に加齢に伴いあまり毛が伸びなくなります。
・ツヤがなくなります。

アドバイス ▶▶ 若いころのように伸びなかったり、密度がなくなったりするので、保湿剤などのスプレーをかけてあげましょう。あまり毛が生えてこない時は、服などを着せて散歩に行くのもいいでしょう。冬は防寒、夏は日差しよけになります。

筋肉　階段の上り下りに注意

・若いころと食欲も体重も変わらなくても筋肉が落ちてくるので、痩せた感じがするかもしれません。特に後ろ足が細くなったように感じます。
・立っている時に小刻みに震えます。

アドバイス ▶▶ 筋肉が落ちて、今までは何ともなかった階段の上り下りがだんだんできなくなります。シニア世代（犬と人間の年齢換算表→19ページ）になったら、階段の上り下りに注意してあげてください。

耳 聞こえにくいのでびっくりさせない

・若い時には玄関の戸を開ける前から気がついてしっぽを振って出迎えてくれたのに、高齢になるとそばに行くまで気がつかずに寝ていたりします。つまり耳が聞こえにくくなっているのです。

アドバイス ▶▶ 急に近づくとびっくりすることがあるので、ゆっくりと近寄り、優しくなでてあげるとよいでしょう。

耳掃除の仕方 ▶▶ アメリカン・コッカー・スパニエル、柴などが耳の悪くなりやすい犬種の代表格です。外耳炎や内耳炎になりやすい犬は比較的若いころからそうです。

耳の中まで、綿棒で丁寧に掃除をしたくなりますが、耳の中（耳道）の粘膜はとても傷つきやすく治りにくいので、綿棒での掃除は避けましょう。

耳掃除をする場合は、耳の洗浄液を耳の中に入れ、やさしくグチュグチュと外からマッサージして、洗浄液が出てくるのを待ちます。洗浄液が出てきたら、それを拭く程度で大丈夫です。

見える範囲を優しく拭き取るくらいにしておいてください。耳の洗浄液は動物病院で処方してくれます。

鼻 鼻水に異変を感じたら病院へ

・色素が薄くなってきます。普通はしっとりと濡れているのが、フケが出てくるようにパサパサしてきます。
・ピンク色の鼻水が出ることがあります。

アドバイス ▶▶ 犬は鼻水があまり出ませんが、そこに血のような色が混じっていることがあれば、腫瘍ができている可能性があります。すぐに動物病院に連れて行きましょう。

口・歯 免疫力が低下して、歯周病になることも

・口……酸っぱいような化膿した臭いがしてきます。歯ぐきが炎症を起こしたり、化膿したりして、歯周病になります。歯ぐきを押すとブヨブヨする感じがします。酷い場合は、黄色のどろっとしたうみが出ることもあります。
・歯……若いころは真っ白ですが、歯石がついて黄色っぽくなります。磨耗して長さも短くなります。

アドバイス ▶▶ 老犬になると免疫力が落ちて、歯周病にかかりやすくなります。幼い時から歯磨きの習慣をつけましょう（歯磨きの仕方→90ページ）。歯磨きさせてくれない場合は、動物病院で歯周病の治療をしましょう。

老いのサイン
顔

目　瞳が白く濁ってきたら要注意

・若いころは澄んでいた瞳が、10歳近くなると白く濁り、白内障になります。病状が進むと視力が落ちます。知らないところや暗いところで電信柱や壁にぶつかってケガをしたりします。
・年をとると涙の分泌量が減るため、角膜が乾燥しやすくなります。免疫力が落ちて感染症になりやすいため、目ヤニが多く出てきます。
・まぶたの縁に、できものやイボができやすくなります。

アドバイス ▶▶ 白内障の進行を抑える目薬があります。外科的手術により治療もできます。目ヤニが多く出るのは、乾性角膜炎が多く、この疾患は涙があまり出ないので、涙の成分の目薬をたらすといいでしょう。イボができるのは、眼瞼乳頭腫です。大きくなってくると角膜に傷がつくので、手術をしてとった方がいいです。

筋肉・毛　顔の筋肉がゆるむ・白髪が増える

・筋肉……顔は年齢とともに穏やかで穏和な表情になります。ピーンと立っていた耳がちょっと開き気味になったりします。これは顔の筋肉がゆるんできたせいです。
・毛……黒っぽい毛の犬は、白い毛、つまり白髪が増えます。

長生きの秘訣10か条

1 まずは病気をさせない。

長生きできるということは、病気で死なないということです。おかしいな、と思ったら様子を見ていないで、すぐに病院へ連れていくこと。病気の芽を早くから摘み取っておきましょう。

2 定期的に予防接種を受ける。

散歩の際に、他の犬のウンチやオシッコから病気がうつります。ウイルスは目に見えない小さな病原体です。それを避けて散歩させることはできません。それで予防接種が必要なのです。

3 フィラリア症の予防をする。

フィラリア症は蚊が媒介する病気です。散歩中に蚊に刺されることもあります。命に関わる病気なので、必ず予防してください。薬で100%予防できます。

4 体重をコントロールする（太らせない）。

室内飼いしている家庭が多いので、飼い主と同じ食べ物をついつい与えがちです。その結果、体重が増えて、人間でいう生活習慣病になってしまいます。体重を管理するだけで、随分と病気が減ります。

5 歯磨きをする。

歯周病になると、下痢をしたり、腎臓病になったりします。口の中の疾患は全身症状になりますので、小さいころから歯磨きの習慣をつけ、予防しましょう。

6 よく体に触れる。

犬は全身が毛に覆われていますので、腫瘍などが見つけにくい動物です。特に毛の深い、柴、コーギー、ゴールデン・レトリーバーなどはよく触れてあげてください。病気の早期発見につながります。

7 良質のフードを与える。

犬が喜んで食べているフードがよいフードだとは限りません。含まれている添加物が病気を引き起こすこともあるので、含まれている成分をよく確認し、信用できるメーカーのものを与えましょう。

8 衛生的な環境で飼う。

犬は人間のように毎日風呂に入るわけではありません。不衛生な環境だと、皮膚病になることもあります。寝床などは、常に清潔にしてあげましょう。

9 おかしいなと思ったら、すぐに動物病院に連れて行く。

犬はしゃべれません。頭が痛い、体がだるいとか説明することができないので、飼い主が気づくしかありません。おかしいと思ったら、手遅れになる前にすぐに動物病院の門を叩きましょう。

10 「ドッグドック」を受ける。

犬も年をとってくればいろいろとガタがきます。病気や不調を事前に見つけるためにもシニアの年齢になったら、人間ドックならぬドッグドックを受けましょう。

2章

犬がぼけるってどういうこと？

認知症は人間だけの問題で、
犬には、関係ないことだと思っていませんか。
老犬になると、犬の脳もきちんと
動かなくなってくることがあるのです。
認知症になる前から正しい知識を持っていれば、
あわてることなく対処できます。

人間同様犬も認知症になる

犬の認知症は人間と同じ？

認知症の定義

自治体や関連施設では、２００５年くらいから痴呆という言葉を使わなくなりました（あくまでも人間に対してです）。今は認知症という言葉を使っています。

認知症とは、脳や体の疾患を原因として、記憶・判断力などの障害が起こり、普通の社会生活がおくれなくなった状態と定義されています。

注意してもらいたいのは、「もの忘れ」と「認知症」とは違うということです。俳優の名前が思い出せないなど「もの忘れ」はだれにでも起こります。これは脳細胞の老化で、自然なことです。

一方、「認知症」は「病気」であり、単なる「もの忘れ」ではありません。

犬の認知症

それでは犬の認知症とは何なのでしょうか。

獣医学的に専門用語を使って説明すると、「高齢化に伴って、一旦学習することによって獲得した行動および運動機能の著しい低下が始まり、飼育困難になった状態」（獣医畜産新報ＪＶＭ、Vol58 No9, 2005年9月号、日本犬痴呆の発生状況とコントロールの現況　内野富弥）ということになります。

認知症ではなく、認知機能障害（Cognitive dysfunction）の方が適しているという意見もあります。

ただ、普通、飼い主はピンとこないでしょう。そこで、愛犬の認知症を調べる簡単なテストを２つ紹介します（27～29ページ）。

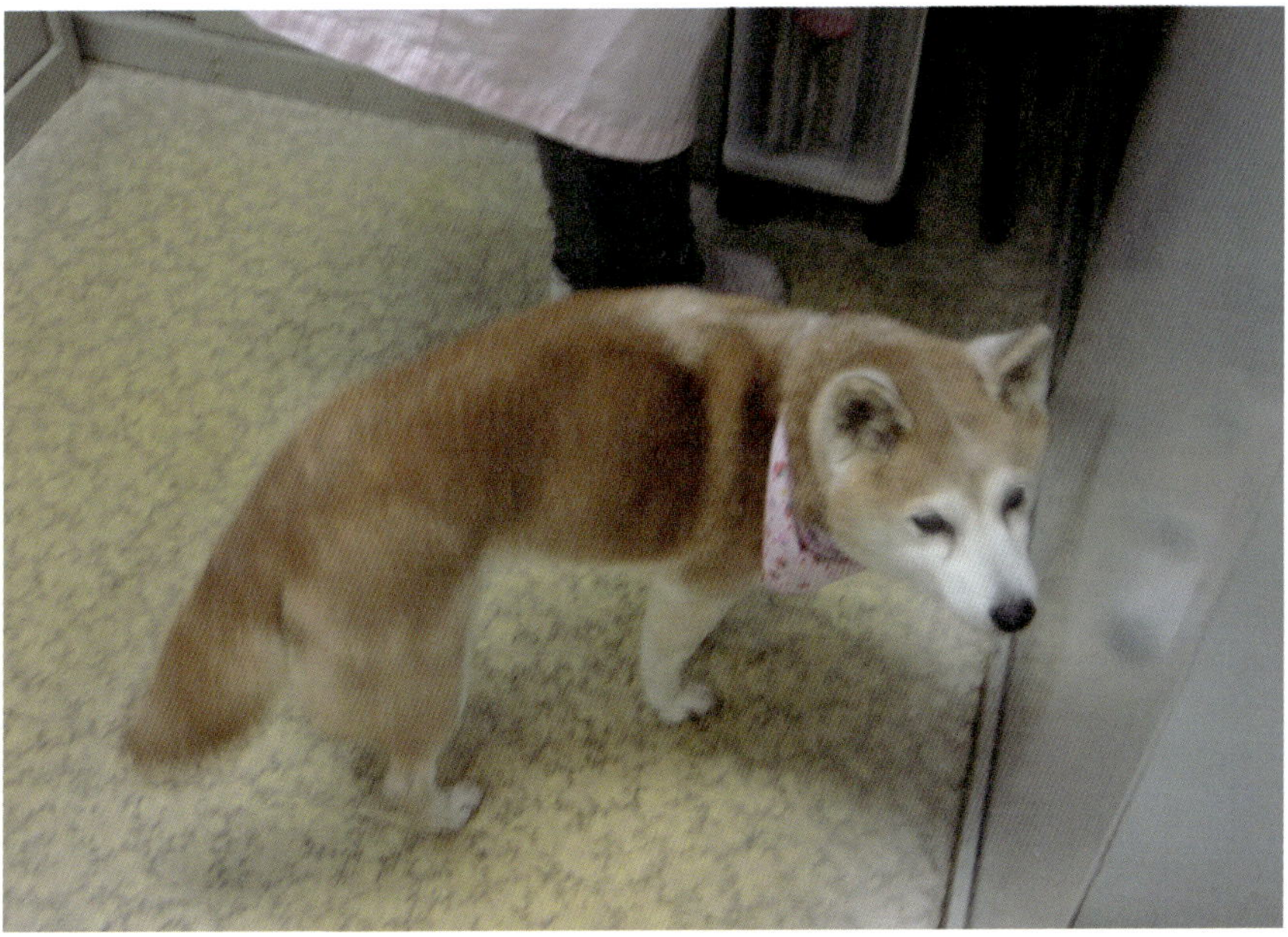

認知症を発症すると、表情もぼんやりしてくる。

犬の認知症テスト（13歳以上）

1. 夜中に意味もなく単調な声で鳴き出し、止めても鳴きやまない。
2. 歩行は前のめりでトボトボ歩き、円を描くように歩く（旋回運動）。
3. 狭いところに入りたがり、自分で後退できないで鳴く。
4. 飼い主も、自分の名前もわからなくなり、何事にも無反応。
5. よく寝て、よく食べて、下痢もせず、痩せてくる。

判断：1項目で認知症の疑い、2項目以上で認知症と判断する。

（獣医畜産新報 JVM、Vol58 No9, 2005年9月号、日本犬痴呆の発生状況とコントロールの現況　内野富弥）

これでもよくわからない場合は、獣医師のもとに行き、「犬の認知症の診断基準100点法」（→28～29ページ）により、より詳しく調べてもらいましょう。

愛犬が本当に認知症かどうか、判断することは大切なことです。
どのレベルなのか客観的にわかっていれば、対策も立てやすくなります。

感覚器異常		点数
1	正常	1
2	視力が低下し、耳も遠くなっている	2
3	視力・聴力が明らかに低下し、何にでも鼻を持っていく	3
4	聴力がほとんど消失し、臭いを異常に、かつ頻繁に嗅ぐ	4
5	嗅覚のみが異常に敏感になっている	6

感情表現		点数
1	正常	1
2	他人および動物に対してなんとなく反応が鈍い	3
3	他人および動物に対して反応しない	5
4	3の状態で飼い主にのみにかろうじて反応を示す	10
5	3の状態で飼い主にも全く反応がない	15

姿勢		点数
1	正常	1
2	尾と頭部が下がっているが、ほぼ正常な起立姿勢をとることができる	2
3	尾と頭部が下がり、起立姿勢をとるがアンバランスでふらふらする	3
4	持続的にぼーっと起立していることがある	5
5	異常な姿勢で寝ていることがある	7

習慣行動		点数
1	正常	1
2	学習した行動あるいは習慣的行動が一過性に消失する	3
3	学習した行動あるいは習慣的行動が部分的に持続消失している	6
4	学習した行動あるいは習慣的行動がほとんど消失している	10
5	学習した行動あるいは習慣的行動が全て消失している	12

鳴き声		点数
1	正常	1
2	鳴き声が単調になる	3
3	鳴き声が単調で、大きな声を出す	7
4	夜の定まった時間に突然鳴き出すが、ある程度制止可能	8
5	4と同様であたかも何かがいるように鳴き出し、全く制止できない	17

総合点

点

30点以上……老犬

31点以上49点以下……認知症予備軍

50点以上……認知症

資料：内野富弥　動物エムイーリサーチセンター

犬の認知症の診断基準100点法

食欲・下痢

	点数
1 正常	1
2 異常に食べるが下痢もする	2
3 異常に食べて、下痢をしたりしなかったりする	5
4 異常に食べるがほとんど下痢もしない	7
5 異常に何をどれだけ食べても下痢もしない	9

生活リズム

	点数
1 正常（昼は起きていて夜は眠る）	1
2 昼の活動が少なくなり、夜も昼も眠る	2
3 夜も昼も眠っていることが多くなった	3
4 昼の食事の時以外は死んだように眠って、夜中から明け方に突然起きて動き回る。飼い主による制止が可能な状態	4
5 上記の状態を人が制止することが不可能な状態	5

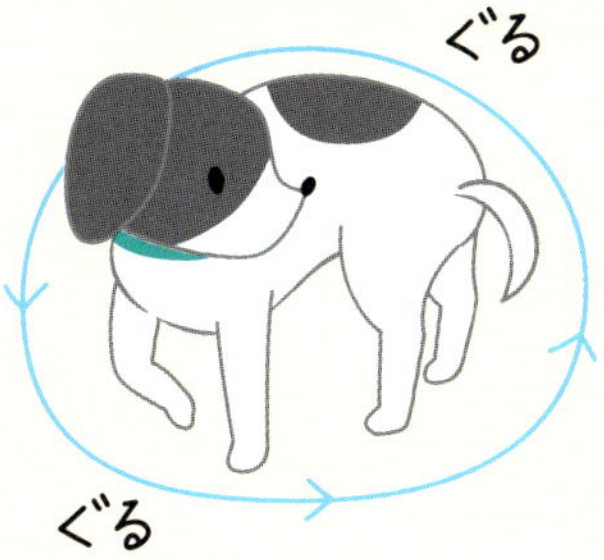

後退行動（方向転換）

	点数
1 正常	1
2 狭いところに入りたがり、進めなくなると、なんとか後退する	3
3 狭いところに入ると全く後退できない	6
4 3の状態であるが、部屋の直角コーナーでは転換できる	10
5 4の状態で、部屋の直角コーナーでも転換できない	15

歩行状態

	点数
1 正常	1
2 一定方向にふらふら歩き、不正行動になる	3
3 一定方向にのみふらふら歩き、旋回運動（大円運動）になる。	5
4 旋回運動（小円運動）をする	7
5 自分中心の旋回運動になる	9

排せつ状態

	点数
1 正常	1
2 排せつ場所を時々間違える	2
3 ところかまわず排せつする	3
4 失禁する	4
5 寝ていても排せつしてしまう（たれ流し状態）	5

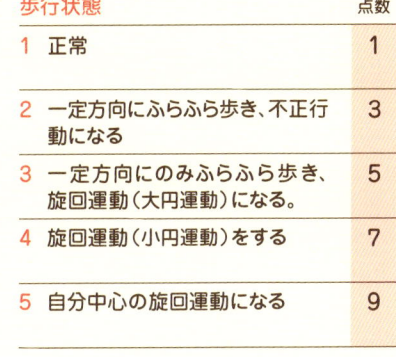

＼なりやすい犬種はほぼ決まっている／

認知症になりやすいのは日本犬

認知症の8割は日本犬

チワワ、ミニチュア・ダックスフンド、トイ・プードル、ラブラドール・レトリーバー、パグなどの外国犬はほとんど認知症になりません。

認知症になる犬種はほぼ決まっています。日本犬です。頭数が多いため、目立つのは、柴と柴のミックスです。数は少なくなっていますが、紀州、甲斐、北海道など他の日本犬も認知症になる可能性があります。

動物エムイーリサーチセンターの内野富弥先生の論文（２００５年）によると、認知症の犬の8割以上が日本犬だということです。ですから10歳を過ぎた日本犬を飼っている人は注意が必要です。

なぜ日本犬がなりやすいのか、また治療法はあるのかなどを、ここでわかりやすく説明します。

なぜ、日本犬が認知症になるのか？

日本犬のルーツは、縄文時代に飼われていた犬といわれています。そのころから、日本人は犬を飼っていたのです。ウシやウマと異なり、犬は人間の近くをうろうろしているので、食事はどうしても人間の残り物、つまり残飯をもらうことになります。

当時の日本人の食生活は魚中心でした。つまりタンパク質は、魚から摂っていたのです。そのため、日本犬の中には、長い年月をかけて魚の不飽和脂肪酸をうまく利用する機能ができあがりました。

ところが１９６０年代から牛肉中心のドッグフードが主流になり、そのころから食生活が激変して認知症になるようになったといわれています。

日本犬以外の血統書付きの犬は、海外で生まれて、その祖先が魚からタンパク

✻痴呆の主な症状

異常に食べるが太らない。

狭いところに入り、出られなくなる。

名前を呼ばれても無反応。

夜、単調な声で鳴き続ける。

1日中寝てばかりいる。

ぐるぐると同じところを回っている。

お漏らしをするようになる。

他の犬に興味を示さなくなる。

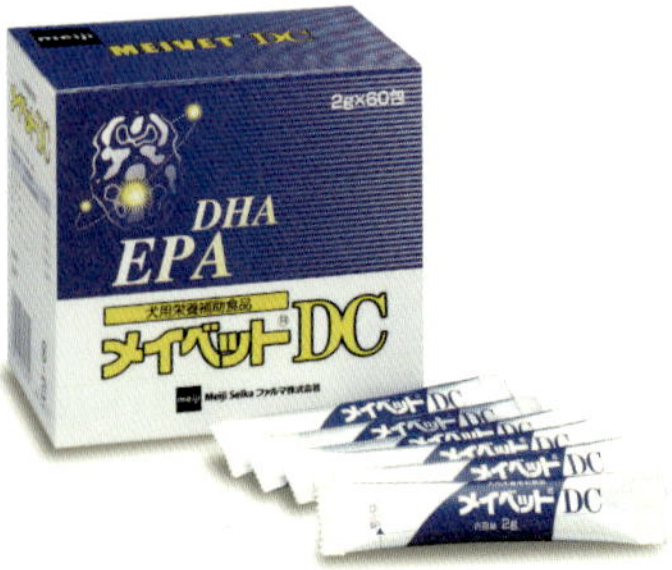

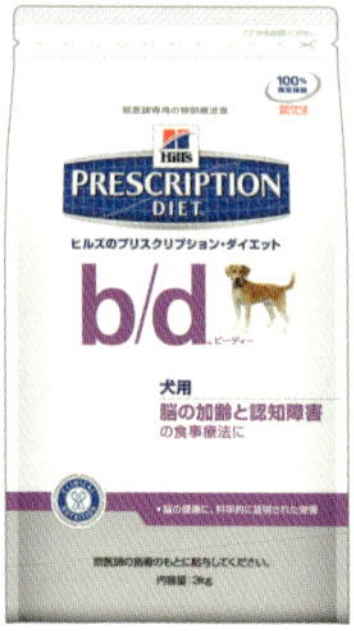

認知症に効果のあるドッグフードやサプリメントが発売されている。
右——プリスクリプション・ダイエットb/d（日本ヒルズ・コルゲート株式会社）。抗酸化成分が脳と全身の健康をサポートし、免疫力を維持。老犬の記憶力と学習能力の維持を助ける。
左——メイベットDC（Meiji Seikaファルマ株式会社）。不飽和脂肪酸（EPAおよびDHA）を主成分とする犬用サプリメント。動物病院を通して購入できる。

質を摂っていたわけではないので、今のドッグフードを食べていても、認知症にはなりにくいのです。

治療法はまだ確立されていない

認知症に効く薬は、残念ながらまだほとんどありません。人間の認知症に使われるアルツハイマー型認知症進行抑制剤の薬で、ドネペジル（donepezil）というものがあります（商品名アリセプト）。このアリセプトを使うこともありますが、まだ臨床例が少なくすべての犬に効くとは限りません。

ただ、魚肉や魚油に含まれている不飽和脂肪酸であるEPA（エイコサペンタエン酸）、DHA（ドコサヘキサエン酸）が入っているドッグフードやサプリメントを飲んで、認知症の症状である旋回運動や夜鳴きがましになったという事例はあります（夜鳴き→108ページ）。例えば、昼夜逆転していたのが、きちんと夜に寝るようになったり、遠吠えするように夜鳴いていたのが、鳴かなくなったりするのです。

もちろん、毎晩夜鳴きするほど症状が進んだ時点で、サプリメントだけを飲んでも効果は現れません。でも、飼い主が、認知症の初期を察知して、きちんと対処しようとすれば、進行を遅らせることができます。

フードをかえれば予防できる

獣肉中心のドッグフードが原因なら食事をかえればいいのではと思われるかもしれません。

答は簡単で、その通りなのです。肉由来のドッグフードではなく、魚からタンパク質を摂るフードにかえてもらうといいのです。魚肉、魚油に含まれている**不飽和脂肪酸であるEPA、DHAなどが**

Point EPA・DHAが多く含まれている食品

・EPAが多く含まれている魚
養殖ハマチ、イワシ、マグロ(トロ)、サバ

・DHAが多く含まれている魚
マグロ(トロ)、養殖マダイ、ブリ、サバ、養殖ハマチ

＊いずれも魚の脂に含まれています。
＊獣肉にはEPA・DHAは含まれていません。

入ったフードやサプリメントがありますので、それを与えていると、認知症になる確率はかなり減ります。例えばドッグフード「プリスクリプション・ダイエットb/d」やサプリメント「メイベットDC」などといった商品が出ています(→32ページ)。

生まれた時からそのようなフードでタンパク質を摂っているのが理想なのですが、やはり普通のフードより高価なのでなかなかそうもいきません。シニアに入る10歳ぐらいからのフード変更でも十分効果があります。

またEPAやDHAが多く含まれる魚(→上記Point参照)を意識して摂取させることを心がけましょう。

柴の手作りフードの材料として、昔から知られているのは煮干しです。出汁をとった後のものを飼い犬にやっていたのでしょう。当時は、それがいいと思って食事に入れていたわけではないでしょうが、結果的に煮干しを食べている犬は元気でした。

ここで思うのは、犬にも「お袋の味」が大切だということです。欧州の獣医学が進歩しているので、ヨーロッパやアメリカの文化を何でも取り入れがちです。確かにいいものもありますが、長年、日本の食生活で育ってきた犬が老犬になると、欧米のフードを受け付けなくなるというのは面白い現象です。基本に帰って、煮干しなどからタンパク質を摂ると認知症になりにくいというのは、興味深い発見です。

柴はまだまだ人気の犬種です。牛由来のタンパク質は認知症を招くことがわかってきたので、魚や煮干し(塩分は腎臓病を引き起こすので塩分のないもの)からタンパク質を接取して長生きしてもらいましょう。

EPA（エイコサペンタエン酸）の生体への作用

1 血中油脂低下作用
2 抗血小板作用
3 赤血球膜を軟化
4 血管進展性を保持する

DHA（ドコサヘキサエン酸）の生体への作用

1 神経系の発展、修復をする
2 学習機能の向上
3 脳内の神経細胞（ニューロン）の再生と促進
4 制ガン作用
5 抗アレルギー作用

（参考：寺田隆、藤代成一、山本恭平ほか（1996）：脂質生化学研究、38、308－157）

EPA・DHAの効能

　ＥＰＡはほかにも血液を固まりにくくする作用があります。血液は体のすみずみまで流れていかないと困るので、サラサラが健康にいいのです。

　血の固まりである血栓で血管が詰まると、血液が流れなくなります。脳に血栓が詰まれば脳梗塞、心臓に詰まれば心筋梗塞を起こしやすくなります。これらの血栓ができるのを防ぐ効果がＥＰＡにはあるのです。

　またＤＨＡには脳に働きかけるという異なる効果があります。脳には約１４０億個の細胞があるといわれています。この細胞にはニューロンという突起した神経細胞があり、このニューロンから伸びた突起と他の神経細胞が結合している部分をシナプスといいます。情報伝達をしている場所です。ＤＨＡはこのシナプスにも入ることができ、シナプスの情報処理能力の良し悪しに関係しているといわれています。つまり、ＤＨＡがシナプス膜を柔らかくすることができ、情報伝達もスムーズに行くと考えられているのです。

　人間の場合の認知症は脳の血管が詰まり、損傷するために起こるものです。こうした脳細胞の破壊が、記憶する役割のある部分で起こると認知症になってしまうのです。ＤＨＡを十分に摂り、絶えず脳に刺激を与えると残った神経細胞を活性化させることができるのです。

　脳は刺激を与えて鍛えれば鍛えるほど向上する性質があり、これは年をとってもかかわらないため、ボケの防止にもなるのです。

　学術的には上記の論文があります。人間に関しての論文ですが、犬にも当てはまります。

3章

愛犬のかかりやすい病気を知っておこう

「痛い」といえない犬に、
痛みに対する思いやりやケアが必要です。
痛みやつらさに気づいてあげることが、大切なのです。
病気にかかっていても、
飼い主が気づいてあげなければ、
犬はじっと痛みに耐えているしかありません。

大きさ・性別から

シニア期になりやすい病気を知っておこう

オス▶大型犬の病気

肛門

- 肛門の周りから血が出る……D
- 肛門の周りが腫れる……D E

排泄物

- オシッコ・ウンチに血が混じる……B C E
- ウンチが細い、出にくい……C E
- オシッコが出ない、出にくい……C E

足腰

- 転びやすい……A
- 階段を嫌がる……A
- ジャンプしなくなる……A
- 後ろ足を引きずる……A
- 後ろ足が震えている……A
- 下半身を触ると嫌がる……A

その他の症状

- 睾丸が腫れている……B
- 毛が抜ける……B
- 激しく吐く……F

腹部

- 腫れる……F
- 触ると痛がる……F

A 股関節形成不全 →49ページ
椎間板ヘルニア →49ページ
膝蓋骨脱臼 →49ページ
B 精巣腫瘍 →66ページ
C 前立腺肥大 →63ページ
D 肛門周囲腺腫 →64ページ
E 会陰ヘルニア →65ページ
F 胃捻転 →72ページ

オス ▶ 中・小型犬の病気

排泄物

- オシッコ・ウンチに血が混じる……ⒸⒹⒻ
- ウンチが細い、出にくい……ⒹⒻ
- オシッコが出ない、出にくい……ⒹⒻ

呼吸

- 寝ているときの息づかいが大きい……Ⓐ
- 鳴いた後に咳をする……Ⓐ
- 散歩が終わってもしばらく体で息をしている……Ⓐ
- 興奮した時、舌の色が青っぽい……Ⓐ

肛門

- 肛門の周りから血が出る……Ⓔ
- 肛門の周りが腫れる……ⒺⒻ

足腰

- 転びやすい……Ⓑ
- 階段を嫌がる……Ⓑ
- ジャンプしなくなる……Ⓑ
- 後ろ足を引きずる……Ⓑ
- 後ろ足が震えている……Ⓑ
- 下半身を触ると嫌がる……Ⓑ

その他の症状

- 睾丸が腫れている……Ⓒ
- 毛が抜ける……Ⓒ

Ⓐ 僧帽弁閉鎖不全症 →43ページ

Ⓑ 股関節形成不全 →49ページ
椎間板ヘルニア →49ページ
膝蓋骨脱臼 →49ページ

Ⓒ 精巣腫瘍 →66ページ

Ⓓ 前立腺肥大 →63ページ

Ⓔ 肛門周囲腺腫 →64ページ

Ⓕ 会陰ヘルニア →65ページ

メス▶大型犬の病気

乳腺

・しこりがある……Ⓑ
・お乳が出る……Ⓑ
・お乳から赤っぽいものが出る……Ⓑ

排泄物

・オシッコに血やうみが混じる……Ⓒ
・おりものが多い……Ⓒ

飲水

・食欲がないが、多量に水を飲む……Ⓒ
・吐く……Ⓒ

足腰

・転びやすい……Ⓐ
・階段を嫌がる……Ⓐ
・ジャンプしなくなる……Ⓐ
・後ろ足を引きずる……Ⓐ
・後ろ足が震えている……Ⓐ
・下半身を触ると嫌がる……ⒶⒸ

その他の症状

・激しく吐く……Ⓓ

腹部

・腫れている……ⒸⒹ
・触ると痛がる……ⒸⒹ

Ⓐ 股関節形成不全 → 49ページ
椎間板ヘルニア → 49ページ
膝蓋骨脱臼 → 49ページ

Ⓑ 乳腺腫瘍 → 60ページ

Ⓒ 子宮蓄膿症 → 58ページ

Ⓓ 胃捻転 → 72ページ

メス▶中・小型犬の病気

足腰

- 転びやすい……Ⓑ
- 階段を嫌がる……Ⓑ
- ジャンプしなくなる……Ⓑ
- 後ろ足を引きずる……Ⓑ
- 後ろ足が震えている……Ⓑ
- 下半身を触ると
  嫌がる……ⒷⒹ

呼吸

- 朝方 咳をする……Ⓐ
- 寝ているときの息づかいが
  大きい……Ⓐ
- 鳴いた後に咳をする……Ⓐ
- 散歩が終わってもしばらく
  体で息をしている……Ⓐ
- 興奮した時、
  舌の色が青っぽい……Ⓐ

排泄物

- オシッコに
  血やうみが混じる……Ⓓ
- おりものが多い……Ⓓ

腹部

- 腫れている……Ⓓ
- 触ると痛がる……Ⓓ

飲水

- 食欲がないが、
  多量に水を飲む……Ⓓ
- 吐く……Ⓓ

乳腺

- しこりがある……Ⓒ
- お乳が出る……Ⓒ
- お乳から赤っぽい
  ものが出る……Ⓒ

Ⓐ僧帽弁閉鎖不全症
→43ページ

Ⓑ膝蓋骨脱臼
→49ページ

Ⓒ乳腺腫瘍
→60ページ

Ⓓ子宮蓄膿症
→58ページ

犬種の成り立ちによってかかりやすい病気があります。
愛犬がどのような病気にかかりやすいかやその原因、
症状などを事前に知っていると初期段階での発見が可能になります。
犬種問わず多いのは、ガン（悪性腫瘍）と歯周病です。

	ガン（悪性腫瘍）↓68ページ	胃捻転↓72ページ	肝炎↓73ページ	腎臓病↓74ページ	糖尿病↓76ページ	甲状腺機能低下症↓78ページ	クッシング症候群↓80ページ	外耳炎↓84ページ	白内障↓86ページ	歯周病↓88ページ	認知症↓26ページ
	●			●	●		●	●	●	●	
	●				●				●	●	
	●				●		●		●	●	
	●				●		●		●	●	
	●		●		●				●	●	
	●					●		●		●	●
	●		●		●			●	●	●	
	●			●					●	●	
	●									●	
	●				●			●	●	●	
	●		●						●	●	
	●	●				●		●		●	
	●									●	
	●	●						●		●	
	●						●		●	●	
	●								●	●	
	●								●	●	
	●							●	●	●	
	●	●								●	
	●						●			●	

犬種から

なりやすい病気を知っておこう

2011年登録頭数ベスト20	僧帽弁閉鎖不全症 →43ページ	股関節形成不全 →49ページ	膝外骨脱臼 →49ページ	椎間板ヘルニア →49ページ	
プードル	●		●		
チワワ	●		●		
ダックスフンド	●			●	
ポメラニアン	●		●		
ヨークシャー・テリア	●		●		
柴			●		
シー・ズー			●		
マルチーズ			●		
フレンチ・ブルドッグ		●			
パピヨン					
ミニチュア・シュナウザー					
ゴールデン・レトリーバー		●			
ウェルシュ・コーギー・ペンブローク				●	
ラブラドール・レトリーバー		●			
パグ	●		●		
ジャック・ラッセル・テリア	●		●		
ミニチュア・ピンシャー	●		●		
キャバリア・キング・チャールズ・スパニエル	●		●		
ボーダー・コリー		●			
ビーグル					

小型の老犬がかかりやすい病気

心臓疾患に注意

現在ブームの、ミニチュア・ダックスフンド、チワワ、トイ・プードル、シー・ズーなどの小型犬に多く見られるのは心臓の僧帽弁に異常をきたす僧帽弁閉鎖不全症です。

小型犬は人間が改良を重ねたので、どうも左心室と左心房の間にある弁、僧房弁が完全に閉じにくくなることが多いのです。

そのため、まず気をつけるべきは心臓疾患です。

心臓病は年とともに進行するため、早期発見が何より大事です。

僧帽弁閉鎖不全症は死に至る病です。年をとると、どうしても動きが鈍くなり、寝てばかりいることが多くなるので、病気の兆候を見落とさないよう注意しましょう。

小型犬は、すべて洋犬ですので、EPAやDHAの関与はあまり関係がありません。そのため、認知症にはなりにくいようです。先祖は、魚からタンパク質を摂取した歴史がほとんどないので、今の牛中心のドッグフードでもトラブルがないのでしょう。

一方で、日本犬は、認知症になりやすいのですが比較的心臓が丈夫です。

寝たきりになって、床ずれができるようになっても、心臓は、規則正しい拍動を打っていることが多いです。

心臓の弁が
もろいと心臓病に
なりやすいんだ

小型の老犬がかかりやすい病気

僧《そう》帽《ぼう》弁《べん》閉《へい》鎖《さ》不《ふ》全《ぜん》症《しょう》

Mitral insufficiency

小型犬に多発する僧帽弁の異常

症状

飼い主にわかりやすい症状としては以下の5点があげられます。

❶ 咳をする。
❷ 呼吸が大きい。
❸ 元気がない。
❹ 散歩に行きたがらない。
❺ 食欲が落ちてきた。

❶咳をする。

初期は、軽い咳をします。四六時中ではなく、激しい運動をした時、喜んだ時、興奮して鳴いた時、朝、日の出前などの気温の下がる時などに咳き込みます。始めは、気のせいかなと思うぐらいの軽いものです。でも、だんだんと咳の回数が増えます。重症になると、ちょっと動くだけで咳をし始めます。そうなるとたえまなく咳をしていて、眠ることもできないほどです。睡眠が足りないため、座ったまま居眠りをしたりします（そういう場合は、ざぶとんなどで、座ったままでも眠ることができるようにしてあげてください）。

症状が進むと、舌の粘膜の色が青っぽくなります（チアノーゼ）。危篤状態になると、舌が黒くなります。この病気に限らず、舌は心臓の様子を写す鑑なので、普段から舌の色を観察しておくことが大切です。

ざぶとんをあごの下に重ねると、座ったまま眠ることができる。

❷呼吸が大きい。

寝ている時の呼吸は、正常なら息をしているかどうかわからないほど穏やかですが、心臓が悪くなると、寝ていても胸の辺りが上下していることがわかります。

暑い季節に、散歩から帰ってからもずっと大きな息をしている場合は心臓疾患の可能性が高いです。シニア期になったから、息が大きい、速いというわけではないのです。

❸元気がない。

僧帽弁閉鎖不全症に限らず、重い病気の時は元気がなくなります。飼い主の「なんか元気ないな」という感覚は大切です。特に、老犬の場合、元気がないと思ったら、すぐに動物病院へ連れていきましょう。

❹散歩に行きたがらない。

健康な犬は、散歩という言葉を聞くや否や喜ぶものです。食事より散歩の方が好きな犬もたくさんいます。若いころは散歩が好きだった犬が、老犬になって散歩嫌いになったとしたら、心臓疾患も疑ってください。

犬はしゃべらないので、頭痛がするとか、動悸がしてつらいなどとはいいません。普段と違う様子を見たら、「これは動悸がするのかな」などと想像力を働かせてもらいたいものです。

❺食欲が落ちてきた。

もちろん加齢とともに食欲も落ちてきますが、心臓病が原因のケースもあります。逆に、食欲があるのに痩せてくる場合も、心臓病の場合があるので動物病院で検査をしてみてください。

概要

この病気は、僧帽弁の位置や働きを理解していれば納得できます。

心臓の働きは、簡単にいえばポンプです。血液を全身にくまなく送り出しているのです。そのために、収縮と弛緩を繰り返し、休むことなく働いています。今日はたくさん動いたから、明日はちょっと休もうか、では困る臓器です。休むことは、死を意味するからです。

つまり心臓とは、今日は、体がしんどいから、心臓の動きをゆっくりしようとか、速く鼓動を動かしてみようなどの調整ができない臓器です。こういう臓器を自律神経支配といいます。

構造的に見ると、右心房、右心室、左心房、左心室と4つの部屋を持って

［心臓のしくみ］

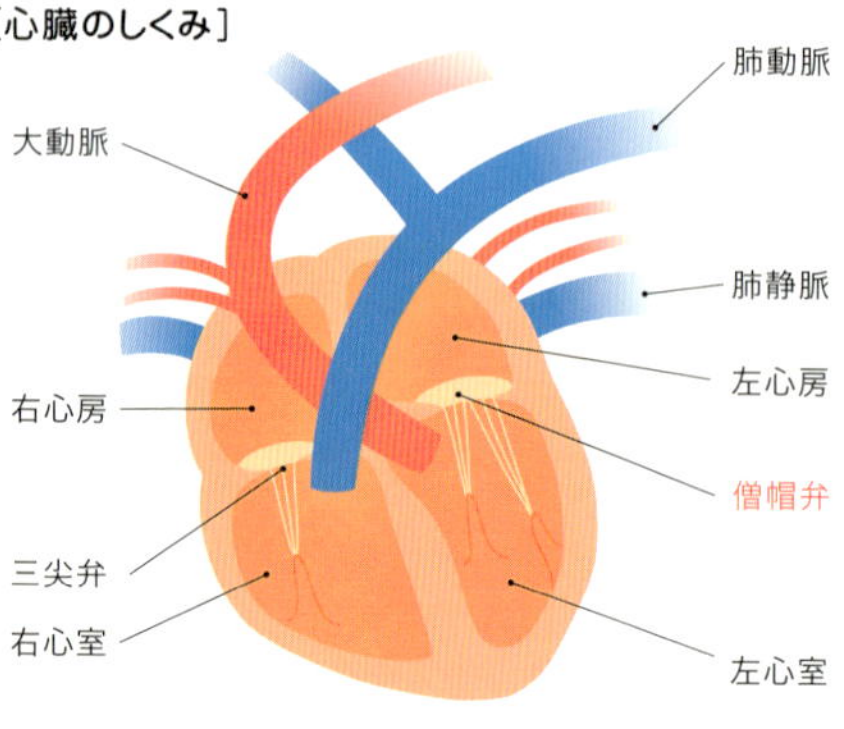

僧帽弁閉鎖不全症になると、僧帽弁がうまく閉じなくなる。

います。血液は、右心房→右心室→肺動脈→肺→肺静脈→左心房→左心室→大動脈と循環していくのです。

僧帽弁とは、左心房と左心室の間にある弁です。僧帽弁閉鎖不全症は、この弁が完全にふさげなくなる病気です。僧帽弁が完全に締まらないので、左心室が収縮して血液を送り出す時に、左心房に血液が逆流します。そのため、左心房が肥大し、左側の気管支が圧迫されて咳をします。また、肺静脈の血圧も上がって、後に肺胞などの血液成分が漏れ出して、肺水腫になるなどの異常が出ます。

急激に肺水腫が起こり、心臓の収縮リズムも乱れ出すと多くの場合、死に至ります。

原因

血統書付きの犬は、人間が改良を重ねて作り出しているのですが、小型犬はどうしても心臓の左心室、左心房をつなぐ弁、つまり僧帽弁がもろくなります。僧帽弁は血液を送り出す際に、最も負担のかかる弁ですから、加齢とともにそのもろい部分に障害が現れるのです。

かかりやすい犬種

ミニチュア・ダックスフンド、シー・ズー、チワワ、ヨークシャー・テリアなどの小型犬に多い病気です。

またキャバリア・キング・チャールズ・スパニエルは１歳にして３頭に１頭がこの病気を持っているといわれています。

キャバリアは、一旦絶滅しかけていたのが、１９００年代ころから再び急激に繁殖が始まりました。少ない頭数で交配を重ねた結果、遺伝的にこの疾患が増えたといわれています。

治療

残念ながら完治のための治療法はなく、内科的治療が主です。症状の改善やＱＯＬを保つ治療が、手術ではなく、利尿剤や心臓の薬を投与して行われます。低ナトリウムの処方食にきりかえると、ある程度、進行を防げます。食欲のある場合は、処方食にかえてください。

サプリメントとして、アシスハートＱ10（商品名）があります。心臓エキス、コエンザイムＱ10、タウリンなどの成分が入っています。

この薬を飲ませたら、今まで、トボトボ歩いていた犬が、散歩中引っ張って困るほど元気になったというケースもあるのです。この病気にかかりやすい犬は、シニアの時期になったらこの

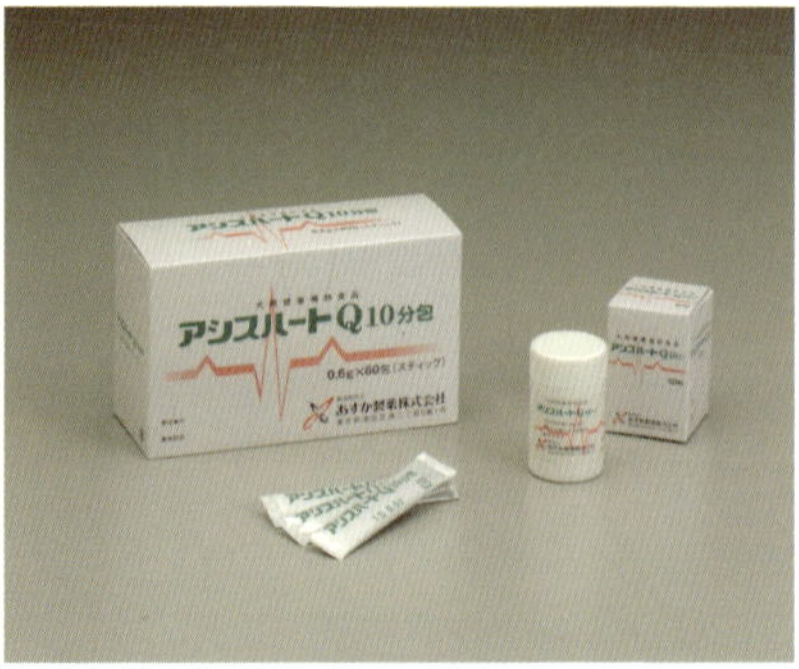

アシスハートQ 10（あすか製薬株式会社）
コエンザイムQ 10と心臓エキスを含む犬用サプリメントで、細胞の活性化・老化防止に役立つ。

サプリメントを飲ませると効果的です。薬ではなく機能性食品なので、予防にもなります。

予防

愛犬が心臓病になりやすい犬種かどうか、よく知っていることが大切です。シニア期になり、食べるけれど何か食欲がない、動きが鈍いなどの兆候があれば、すぐに病院に連れていきましょう。心臓病は、年齢とともに進む病気です。早めの診断が重要です。

老犬になると、寝る時間が多くなりますし、それほど散歩もしたがりませんが、それを老化現象と片づけてしまうと、病気を見落とすことにつながります。勝手に股関節疾患のためだろうと思いこんでしまうのも問題です。飼い主の思い込みの結果、症状を発見するころになると、もうかなり症状が進んでいることもあるのです。

そうならないために、10歳を超えたら、定期的に心臓の検診をしましょう。心電図、超音波診断、レントゲン撮影である程度のことはわかります。検査に時間がかかるので、犬の調子がいい時に診てもらっておくと安心です。10歳を過ぎると、人間の年で60歳を超えているのですから、用心するにこしたことはありません。

ひとつ気をつけて欲しいのは、寝たきりになった犬のケースです。寝たきりになると、床ずれの心配が先にたってしまい、心臓のことは忘れがちです。心臓が悪くなるとあまり動かないので、かえって発見しにくいこともあります。十分注意しましょう。

早期発見のポイント

❶夜明け前などの気温の下がった時に、軽い咳をする。
❷飼い主が帰ってきて、喜んだ時に、咳をする。
❸嫌いな犬が通った後に吠え、その後咳をする。

これらの症状が1つでも気になったら、動物病院で心電図、超音波診断、レントゲンの検査をしましょう。

Column

酸素ボックス

レンタルすれば在宅治療もできる

僧房弁閉鎖不全症の進行を放置しておくと、肺水腫になり命を落とすことになりかねません。外科的手術で完治させることは、現実的にはあまり行われていません。

　ほとんどの場合が内科的治療です。内服薬を飲み、フードを心臓用の処方食にかえるぐらいです。

　そのように治療していても病気は進行するので、入院させて酸素ボックスに入って点滴治療をしないといけない場合も出てきます。

　ただ、犬にしてみれば、入院というのは、大変なストレスです。飼い主と離ればなれだし、胸の付近が痛いし、何より不安なのです。

　もちろん場合によっては入院させないといけないのですが、心臓病と診断されたら、このような酸素ボックスをレンタルして、在宅で治療するのも1つの方法です。

　心臓病で内服薬を飲んでいるのに、何か元気がない、今日は呼吸が大きいと思った時は、このような酸素ボックスに入れてあげると犬も楽になり元気になります。

　酸素ボックスの中でおやつをあげるなどをしておくと、ずいぶん喜んで入ってくれます。入ると楽になるというのがわかると、自分から入る犬もいます。

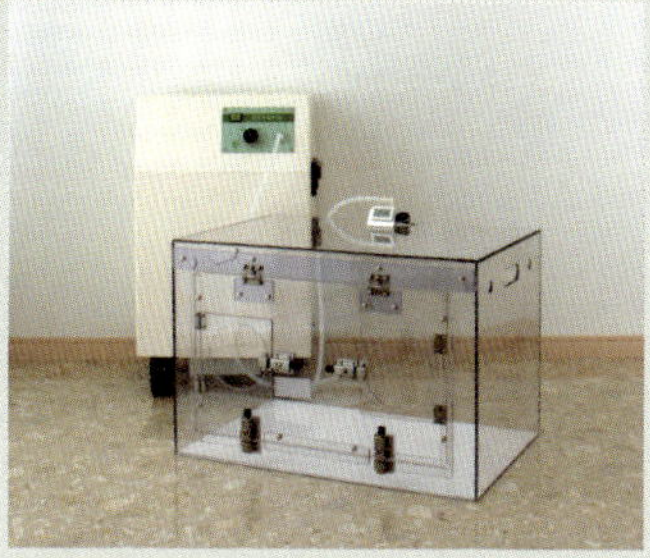

酸素濃縮器が部屋の空気から酸素を作るのでボンベ等は不要。レンタルなので、出費も抑えられる。写真提供：テルコム株式会社

大型の老犬がかかりやすい病気

関節に負担がかかりがち

1890年代から1990年代に、ラブラドール・レトリーバー、ゴールデン・レトリーバーなどの友好的な大型犬がブームになりました。

1995年のジャパンケンネルクラブの登録数を見てみると、1位はシー・ズー、2位がゴールデン・レトリーバー、3位がダックスフンドとなっています。このあたりから、ラブラドール・レトリーバー、ゴールデン・レトリーバーが人気の犬種になり、ゆとりのある犬好きの人は、こぞってこの犬を飼いました。

しかし、いくら友好的といえども大型犬にはかわりありません。散歩には1日1時間以上かかります。外国と比べて決して広いとはいえない住宅環境のこともあります。

それに、日本人は、やはり忙しいので、ラブラドール・レトリーバーやゴールデン・レトリーバーなどの大型犬の世話はできなくなるケースもあったようです。95年をピークに大型犬は減少傾向にあり、2004年を最後に登録頭数ベスト10から姿を消しました。

さらに、ラブラドール・レトリーバーやゴールデン・レトリーバーは、股関《こかん》節形成不全《せっけいせいふぜん》という遺伝子的疾患を持っている犬も多かったのです。

人間が、無理に繁殖させた結果、遺伝的に股関節形成不全が増えました。両親、兄弟がこの疾患を持っているようなら、繁殖すべきではありません。

[股関節形成不全のしくみ]

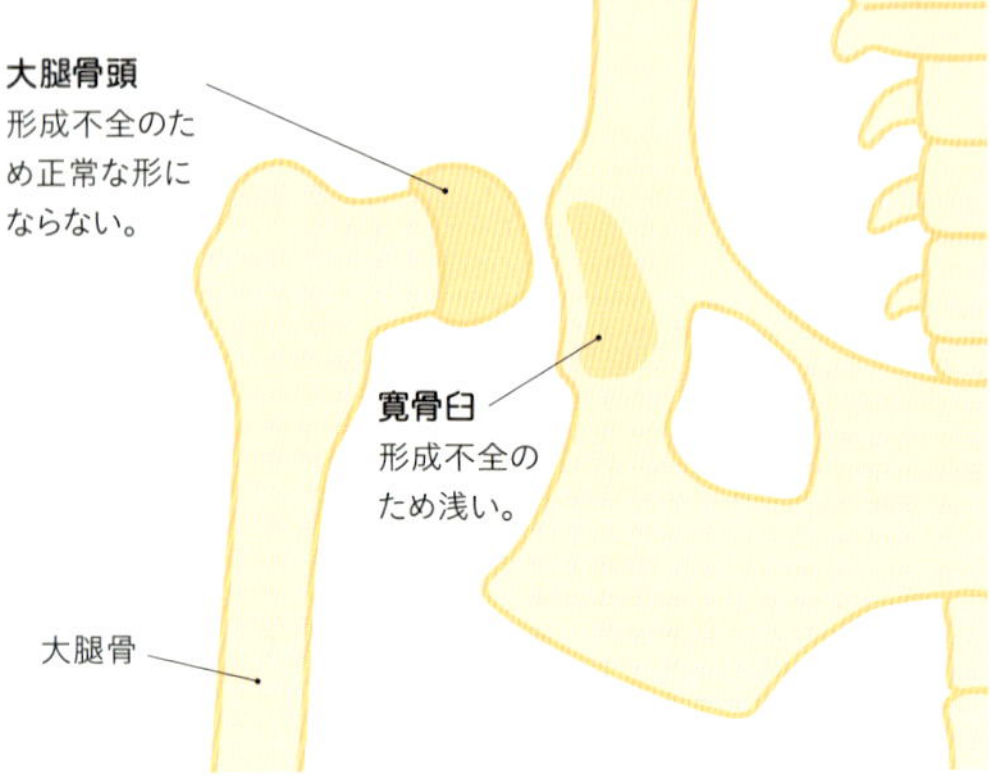

大型の老犬がかかりやすい病気

関節炎

Arthritis

大型犬に出やすいのは股関節形成不全《こかんせつけいせいふぜん》

症状

人間が年を重ねて、腰が痛い、膝が痛いと実感するのと同じです。犬は「痛い」というかわりに急に歩かなくなったり、足を引きずったりし始めます。

ウンチもオシッコも排泄できなくなるほど関節炎が重症化してから、連れて来られる犬もいます。そこまで悪化する前に、犬のサインを見つけ、早めに治療を開始しましょう。

概要

ラブラドール・レトリーバーやゴールデン・レトリーバーなどの大型犬がはやり始めた1990年代は、こぞって関節炎の新薬が出ました。そして、痛みをコントロールするセミナーが開かれました。一般の人には、わかりづらいかもしれませんが、日本人は、流行の犬種を作ってしまう傾向があるので、獣医界では、流行の病気が出てくるのです。

2000年ごろには、小型犬ブームが到来しました。ジャパンケンネルクラブの登録数の1位がダックスフンド、2位がシー・ズー、3位がチワワになりました。ダックスフンドは胴長短足の犬なので、股関節形成不全にはなりませんが椎間板ヘルニアにはなりやすいことが、血統的にわかっています。

こうした人気犬種の推移を背景に、関節炎を考えてみましょう。

かかりやすい犬種

◆股関節形成不全（大型犬に多い）

Canine hip dysplasia (CHD)

以下のような大型犬に多く見られます。

・イングリッシュ・セター
・ラブラドール・レトリーバー
・ゴールデン・レトリーバー
・ジャーマン・シェパード
・バーニーズ・マウンテン・ドッグ
・シベリアン・ハスキー
・ロットワイラー

◆膝蓋骨脱臼（小型犬に多い）

Dislocation of patella

以下のような小型犬に多く見られま

す。

・チワワ
・トイ・プードル
・ポメラニアン
・マルチーズ
・ヨークシャー・テリア

◆椎間板ヘルニア（胴の長い犬に多い）
Intervertebral disk hernia

以下のような胴長の犬によく見られます。

・ダックスフンド
・コーギー
・ビーグル

原因

◆股関節形成不全

大型犬に多く遺伝が原因といわれています。大型犬ブームが到来した時には、ブリーダーは、股関節のレントゲンを持参したものです。100％が遺伝とはいい切れないのですが、両親が股関節形成不全だと、子どもの9割以上に遺伝するといわれています。

そのほか、肥満・運動不足（庭につなぎっぱなし）や、逆に、過度の運動も原因といわれています。

胴長の犬は椎間板ヘルニアに注意。

◆膝蓋骨脱臼

この病気は膝蓋骨がはまっている膝の骨の溝が浅いために起きます。

膝は、骨の溝に乗っていて、その周りに筋肉がついています。溝が深いと膝がしっかりと収まるのですが、溝が浅いと脱臼してしまうのです。

病気が進むと靭帯を傷つけることになります。

股関節形成不全は大型犬に多い。

◆椎間板ヘルニア

背骨は椎骨と椎骨の間にあるクッションのような働きをする椎間板と呼ばれるものでつながっています。椎間板ヘルニアとはこの椎間板が老化して変形し、外に突き出たり、椎間板のゼリー状の髄核《ずいがく》が押し出されたりする状態をいいます。

背骨の上には、神経細胞（脊髄）が詰まった脊椎管があり、椎間板ヘルニアになるとその脊椎管内の脊髄や神経を圧迫して、神経マヒを起こし、立てなくなったり、排尿ができなくなったりし、手遅れになると神経細胞が壊死してしまいます。

特に胴が長く、肢の短い犬種（ダックスフンド、コーギー、ビーグルなど）は、注意が必要です。先天的に軟骨の形成異常になりやすいことや、若いころから椎間板が固いためもろくなったり、胴が長いので背骨に負担がかかりやすいためだといわれています。

激しい運動も椎間板ヘルニアの原因の一つです。背骨に強い刺激が加わる

！早期発見のポイント

❶休んでいて、歩き始めるときに、足の運びが不自然。
引きずるように歩き出して、その後普段の歩き方に戻る場合は関節炎を疑いましょう。

❷散歩に行きたがらない。
好きな散歩に行きたがらない、または散歩に連れ出そうとすると踏ん張るなどの場合は要注意です。腰や膝が痛いのかもしれません。

❸階段、坂を登るのを嫌がる。
平坦な道は今まで通りに歩くのに、階段や坂道で踏ん張ったり抱っこをせがむようであれば要注意です。

❹ジャンプしなくなる。
「ぴょんぴょん飛び跳ねてはダメ」といくら注意してもやめなかった犬が、あまりジャンプしなくなったら、腰、膝が痛いと思ってください。

❺立ち上がるのに時間がかかる。
健康な犬は立つのも座るのも瞬時に行うものですが、それがヨッコラショという感じで立ったり座ったりするようになれば、どこか関節が痛い可能性があります。

❻足を横に出して座る。
いわゆる「お姉さん座り」という後ろ足を投げ出すような座り方はよくありません。健康な犬は伏せの姿勢を崩したような座り方をします。

❼四肢の爪の伸びが違う
どこかの足の爪だけが極端に長かったり、短かったりしたら要注意。長いとその足に体重をかけていないということで、逆に短いと引きずっているということです。

こんな症状が出たら動物病院へ！

ような運動は、避けるようにしましょう。

治療

関節が痛いと足を引きずって歩くので、痛み止めを注射したり、薬を飲ませたりします。薬は、場合によってはステロイド剤を使うこともありますが、主にNSAIDsという非ステロイド剤を使用します。

関節炎の解消、軟骨の保護には、カルトロフェンという関節炎の注射薬があります。全ての関節炎に効くわけではありませんが、比較的よく反応するのが、膝蓋骨内側脱臼、股関節形成不全です。1週間に1回、4回続ければ、症状がかなり軽減する犬もいます。炎症反応を抑えるので、疼痛軽減効果もあります。関節軟骨の病気の箇所を完全には修復できませんが、関節軟骨の劣化を最小限に抑えることができます。

◆股関節形成不全

内科治療をしても治らない時は、外科的に手術をします。

❶三点骨切術

骨盤の3箇所の骨を切って骨頭がうまくはまるようにする手術です。

❷関節形成術

大腿骨頭を切除する手術です。関節を正常な形に整えます。

❸股関節全置換手術

最も効果的とされています。治療は異常のある股関節を人工関節に取り替えます。

これらの手術は、大学病院などの二次診療（地域に密着した一般的な動物病院の診察＝一次診察に対し、高度でより専門的な治療を行う）をやっているところで受けましょう。手術代も何十万とかかります。また、普通に歩けるようになるまで、リハビリが必要ですので、よく獣医師と相談しましょう。セカンドオピニオンとして、かかりつけの獣医師以外の獣医師にも診せることもおすすめします。

◆膝蓋骨脱臼

常に外れていても、痛みがないようなら、内科的治療やレーザー治療をします。しかし、痛がっている場合、根本的な治療は外科手術に限られます。手術が終わったらすぐに歩けるようになるというわけではなく、この治療もリハビリが必要です。一度手術しても再手術ということもありますので、頭に入れておいてください。術後は、2〜3週間絶対安静です。

◆椎間板ヘルニア

椎間板ヘルニアは症状の進行によって1度から5度までに分類されます。

1度▼脊椎痛。脊髄の機能障害はありませんが、脊椎の痛みを生じているため、飼い主がその辺りを触ると嫌がります。散歩を嫌がり、一般的には背中を丸めています。

2度▼後肢の力が弱くなり、ふらつきながら歩きます。足先を引きずるように歩くので、爪から血が出ることもあります。

3度▼完全マヒです。後肢の動きは全くなくなり、前肢だけで進み、後肢は引きずるようになります。

4度▼オシッコが自分でできなくなり、膀胱にはオシッコがたまっていきます。たまたま動かした時だけ、オシッコが漏れたりします。

5度▼深部痛覚の消失。後肢の全ての感覚がなくなり、ピンセット等で挟んでも全く反応はありません。

❶内科療法

ステロイド剤を大量に投与します。2~4週間の絶対安静が必要です。椎間脊髄機能の回復は外科療法に比べて時間がかかり、完治には至りません。

❷外科療法

レントゲン脊髄造影法によって椎間板ヘルニアの発生部位を確認した後、片側椎弓《ついきゅう》切除術により脊髄を露出し、脊髄を圧迫している椎間板を取り除く方法です。もちろん、麻酔を全身にかけます。

❸内科療法か外科療法か

症状の1度から3度までは、内科的治療でも、時間はかかりますが、ほぼ治ります。しかし、4度以上になった時は、外科的な治療も考えた方がいいです。早期に治療をすれば、治る確率は高いので、後肢の運びをよく観察しましょう。

予防

関節炎になりやすい犬種を飼った場合は、早い時期から予防をすることが大切です。

❶ウエイトコントロール

遺伝的に、関節炎になりやすい犬は、

特に体重を増やさないように注意しましょう。体重が重いと骨に負担がかかります、ちょっと痩せているかな、という程度がちょうどいいのです。

❷処方食・サプリメント

　関節炎に効くといわれている以下のようなサプリメントがあります。

＊グルコサミン＝甲殻類から抽出されたもので、関節、軟骨を保護し関節炎の炎症をやわらげます。

＊コンドロイチン＝鮫の軟骨から抽出されたもので、関節、軟骨の痛みに効果的といわれています。

＊緑イ貝＝緑イ貝から抽出されたもので、優れた抗炎症作用があるといわれています。

　このようなサプリメント以外にも、サプリメントが始めから含まれているドッグフードもあります。サプリメントだと、ついついあげるのを忘れがちですが、フードになっているとあげ忘れを防げるのでフードを利用するのもよいでしょう。

❸床はすべりにくいものを

　室内飼いの犬が増える一方で、家の中はフローリングが多くなっています。毛が抜けても掃除がしやすく、ウンチやオシッコをした時も処理がラクなのですが、足腰が弱ってきた犬にはすべりやすく、下半身に負担がかかります。

ウエイトコントロールがいちばんの予防になる。

　そのため犬がよく歩くところにカーペットを敷き詰めるなどしてください。犬用のすべり止めワックスも売っていますので、塗布するのもよいでしょう。

　もし、リフォームすることがあれば、床をコルクに変えるのも一つの方法です。ただ、コルクはフローリングに比べて高価です。

❹無理に散歩に連れ出さない

　関節炎を持っている犬が、散歩を嫌がるようなことがあれば、その日はゆっくりさせてあげてください。言葉にはできませんが、日によって痛みの激しい時もあるのでしょう。嫌がっているのに、無理やり走らせたりするのもやめましょう。

メスの老犬がかかりやすい病気

避妊がいちばんの予防

高齢になってからのメスまたはオスの疾患は、「備えあれば憂いなし」という状態です。つまり、飼い始めて初期のうちに、避妊・去勢手術をすれば防げることが、臨床的にわかってきているのです。確かに、麻酔をかけたりするリスクはありますが、そのことを考えたうえでも早めに避妊・去勢手術をすることをすすめます。麻酔に耐えられる時期になれば、発情をまたず、早い時期に避妊・去勢手術をしましょう。メスの場合は、初回の発情の前に手術をすると99・5％乳腺腫瘍を予防できます。

迷信やいいつたえではなく、獣医の世界でも１９８０年代以前は「子どもを１回でも産みさえすれば、婦人科系統の疾患にはなりにくい」といわれていました。しかし、今までの考えが全く通じなくなり、今や子どもを産もうが産むまいが、シニア世代に入ってしまうと、婦人科系の病気になる可能性があるのです。

◎避妊手術

予防できる疾患

・乳腺腫瘍、子宮蓄膿症

時期

・生後４か月～10か月

point

◆避妊手術の時期

発情が１回も来ないうちにしてください。発情が来る前だと乳腺が発達しないので、乳腺腫瘍になりにくいです。仮に種があっても芽がありません。

いつ発情が来るか個体差があるのですが、生後４か月から10か月ぐらいの間に来ることが多いです。

以前は、１年しないと来なかったのですが、今は発育がいいので早くなりました。

超小型犬の場合は、なかなか来ないかもしれませんが、２キロになれば手術できることが多いです。

メスの老犬がかかりやすい病気

更年期障害

Menopausal disorder

6、7年目から更年期に突入する。

症状

❶発情の間隔があく。

半年に1回だった生理の頻度が、8か月、1年と延びてきます。閉経かと思っていたら、2年ぶりにあったというケースもあります。久しぶりの生理の後は病気になりやすいものです。

❷発情中の分泌液が少ない。

若いころは悩まされた分泌物が、それほど出なくなります。

❸発情中の分泌物が多い。

今までに比べ多い分泌量が、1か月以上続くこともあります。

概要

犬は、一般的には1年未満で発情期を迎えます。昔に比べ、栄養状態も環境もいいので、性成熟は早くなっています。発情期を迎えた時に、オスと交尾をしたり、子どもを産んだり、出産後、乳腺が発達するためには、女性ホルモンが必要です。女性ホルモンは卵巣で分泌され、エストロゲン（卵胞ホルモン）とプロゲステロン（黄体ホルモン）の2種類があります。

　エストロゲンは、排卵の準備をするホルモンです。発情期のはじめぐらいに分泌されます。プロゲステロンは排卵を抑制するホルモンです。排卵させないようにするものです。

犬にも個体差があってはっきりといえませんが、一般的な犬の更年期は、生後6、7年目以降に訪れます。人間でいうと、45歳から10年間くらいの時期にあたります。2つのホルモン、エストロゲンとプロゲステロンの分泌が極端に少なくなり始める時期です。

治療

人間の場合は、更年期障害の症状が出れば、血液検査をしてホルモン量を測定するのが一般的です。更年期症状と診断されれば、ホルモン剤を飲んだりします。

しかし、今のところ、犬はホルモン量を測ったり、ホルモン剤を飲んだりという治療はしません。むしろその反対の方向に進んでいます。つまり、ホルモンが出ないように卵巣を取り除くのです。

卵巣を切除すれば、女性ホルモンが分泌されませんから、当然のことながら更年期障害にはなりません。

人間同様、理論上オスにも更年期障害があるはずですが、今の獣医学ではオスの更年期障害を治療するというところまではやってはいません。

予防

いちばんの予防は避妊手術です。避妊していれば更年期障害になることはありません。

避妊していない場合、発情がしばらくなかったのに急にやってきた時などは、動物病院に行って血液検査やエコーやレントゲンを撮ってもらうことをおすすめします。犬には、腰が重いとか腹部が痛いなどの症状があるかもしれませんが、微妙なところはわかりにくいものです。血液検査をして、白血球が多くなっていれば、子宮などが感染症を起こしていることが疑われます。エコーやレントゲン検査などでは、子宮にうみなどの液体が溜まっているかどうかがわかります。

若いうちでも愛犬の微妙な異変を感じたらすぐに動物病院に連れて行きましょう。

早期発見のポイント

❶食欲がない。食べていてもダラダラと食べる。
❷陰部の辺りをしきりになめる。
❸運動に行きたがらず、よく寝ている。
❹腹部を触ると怒る。

こんな症状が出たら動物病院へ！

メスの老犬がかかりやすい病気

子宮蓄膿症

Pyometra

子宮にうみが溜まる化膿性の病気

症状

・食欲がなくなり、散歩を嫌がる。
・腰の辺りを触ると怒る。
・子宮の中が炎症を起こすので、水を大量に飲み、大量のオシッコをする。
・進んでくると、腹部が異常に腫れる。
・膣から、血やうみなどの分泌物が出てくる。
・陰部が腫れたり、乳腺がピンクになったりする。

概要

5歳以上のメスがかかりやすい、子宮にうみが溜まる病気です。急性、慢性の化膿性の疾患です。初期の段階で気がつかないと慢性腎不全に移行することもあります。

治療が遅れると多臓器不全に陥り、死に至ることもあります。血液検査では白血球の上昇が見られます。

原因

子宮が細菌感染して炎症を起こします。肛門の近くなので、大腸菌が多く(60~70%)、ブドウ球菌、レンサ球菌、サルモネラ菌などが検出されます。

通常犬の膣はPH《ペーハー》が低く、常に酸性に傾いています。そのバランスが崩れると細菌が侵入しやすくなるのです。

発情中は、子宮頸部が開くので、細

触ると痛がる。

腹部が腫れる。

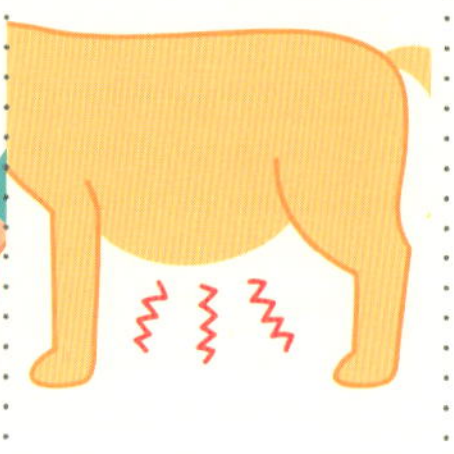

吐く。

食欲はないが、水はよく飲む。

菌が入りやすくなります。加齢に伴い免疫力が落ちるので注意が必要です。

治療

抗生物質を投与するなどの内科的治療もありますが、一般的には、外科的に子宮を摘出するのが原則です。並行して抗生物質、輸血療法も行います。

術後、ショック症状で、心臓に負担がかかる場合があります。呼吸をよく見て、心臓の治療が必要になる場合もあります。

子宮蓄膿症は、動物病院では、比較的よく見られる病気です。超音波検査が普及していない時代は、早期発見は難しいこともありました。腰を触って嫌がるので、腰痛だといわれて治療されたけれど、治らないからと来院されたこともあったほどです。

今では、老犬で、発情の後に元気がない、または普段と比べて発情が長いと聞けば、超音波検査をします。もし子宮蓄膿症になっていれば、うみなどの液体の物質が子宮に溜まっているのですぐにわかります。超音波検査で、子宮の直径まで計ることができる時代になっているのです。

子宮蓄膿症と診断されたら、麻酔に耐える体力があるうちに、すぐに手術することが、獣医学の常識になっています。

予防

若いうちに避妊手術をして卵巣、子宮の摘出をしていれば子宮の病気になりませんので100%予防できます。

避妊しない場合は、発情の終わりかけに、膣は腫れていないか、分泌物はないか、しっかりチェックしてください。

出産経験のない犬は特にかかりやすいといわれていましたが、関係のないことがわかってきました。どの犬でもかかる可能性のある病気です。

健康な犬なら、発情中であろうとなかろうと、食欲もあり、元気です。毎回発情中に食欲が落ちる犬は注意が必要です。

早期発見のポイント

❶発情（生理）の後元気がない。
❷食欲はないが、水だけはよく飲む。
❸吐く。
❹腹部が腫れる。
❺腰を触ると嫌がる。
❻歩かない。
❼おりものが3週間以上続く。黄色いおりものが出る。

こんな症状が出たら動物病院へ！

メスの老犬がかかりやすい病気

乳腺腫瘍

Mammary tumor

メスの老犬に最もよく見られる腫瘍

症状

・乳腺にしこりができる。しこりの大きさ、形はさまざま。
・放置しておくと、自壊して血膿が出てくる場合もある。
・進行すると、発熱、食欲不振、散歩を嫌がるなどの全身症状が出る。
・犬は、6～10個（大きさにより異なる）の乳房を持っているので、次々にかかる可能性がある。

概要

メス犬に最も多く見られる腫瘍です。腫瘍は硬いものもあれば、柔らかいものもあります。色も肌色、赤色、黒色、茶色とさまざまです。

メス犬の場合は、腫瘍の約半分をこの乳腺腫瘍が占めます。10歳から11歳前後で発生することが多く、良性と悪性があります。犬の場合は、50％が悪性で、悪性の場合転移の危険性があるので早期発見が必須です。

メスにできることが多いですが、オスにもまれに発症します。この場合は悪性が多いです。

原因

エストロゲン、プロゲステロンなどの女性ホルモンが関与しているといわれています。

治療

内科的に治すことは難しいので、外科的に治療します。しこりの周りの乳腺を摘出します。場合によっては両方の乳腺を摘出することもあります。腫瘍が良性でも悪性でも、米粒大の腫瘍の時に手術をしていれば、あまり転移などがなく（絶対とはいえませんが）、結果は良好です。

逆に初期に気がつかず、かなり大きくなってから手術すると、とりきれないことがありますので、早期発見が何より大切です。

予防

高齢になれば、避妊手術していない犬の半分以上が乳腺腫瘍になる可能性があります。避妊手術をして卵巣を摘出しておくと、乳腺腫瘍になりにくいといわれています。避妊手術は、卵巣と子宮をとる（病院によって術式は異なります）だけで、乳腺は触りませんが、乳腺腫瘍はホルモンの影響を受けるので、卵巣をとっておくとかなり違うのです。例えば、1回も発情が来ないうちに、避妊手術をしておけば、乳腺腫瘍になる確率は、0・5％、2回目以降に手術すると、26％になります。

なぜこれほど数字が違うかというと、発情が来ないうちに、避妊手術をしておくと乳腺が発達しないからです。イメージ的には、発情前に手術するということは、乳腺の芽を摘むことになり、発達しないので乳腺腫瘍が起こりにくいということなのです。

　うちの病院では、予防として発情が来る前に避妊手術をすることをすすめているので、乳腺腫瘍になる子はとても少ないです。もちろん、シニア期になれば、乳腺を検査しますが、発情を迎えたことがなく、乳腺が発達していないので、乳腺腫瘍になる確率はかなり低く抑えられていると感じます。

　余談ですが、私が飼っているミニチュア・ダックスフンドは、発情が来る前に避妊手術をしたので、乳首でさえ小さな点のようになっています。

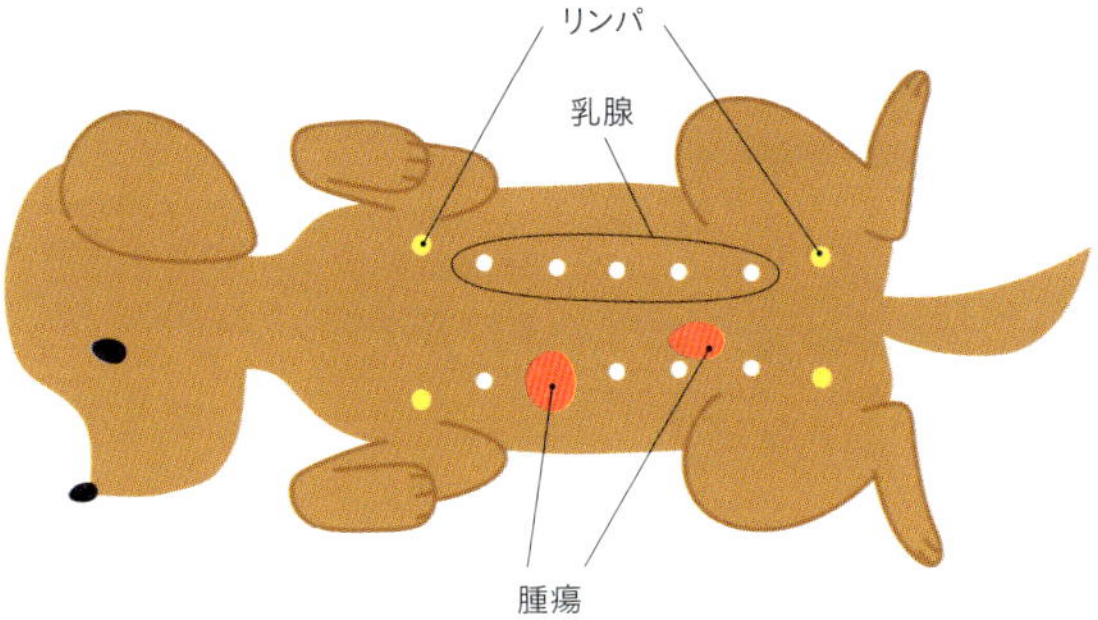

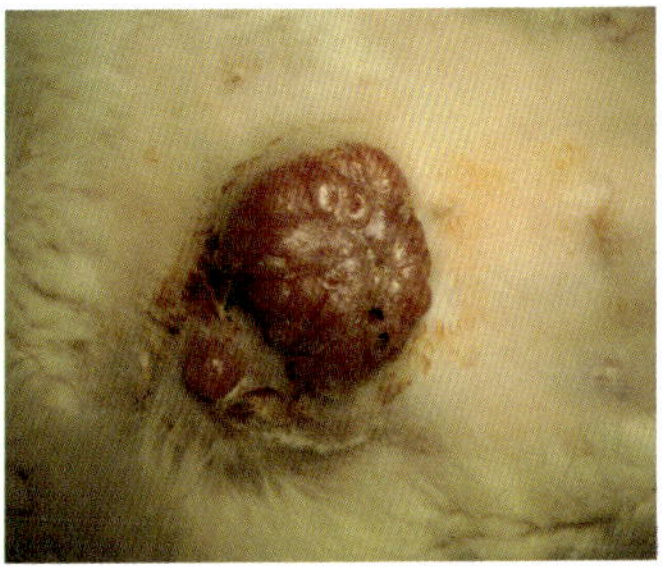

乳腺にできた腫瘍。
写真提供：飛鳥メディカル株式会社

こんな症状が出たら動物病院へ！

早期発見のポイント

❶乳腺に米粒大のしこりがある。
❷妊娠していないのに、乳房から分泌物が出ている。

オスの老犬がかかりやすい病気

去勢がいちばんの予防

テリトリー争いをしたり、発情中のメスを見ると、興奮して交尾したくなるのは、男性ホルモン、つまりテストステロンの影響です。精巣で分泌されています。オスの場合、メスのようにはっきりとした更年期はありませんが、だんだんと男性ホルモンの分泌が減っていきます。

オスは10歳を過ぎると、前立腺肥大（Prostatic hyperplasia）、肛門周囲腺腫（Adenoma of the perianal gland）、精巣腫瘍（Testical tumor）、会陰ヘルニア（Perineal hernia）などの病気が出てきます。

メスと同様「備えあれば憂いなし」で若いうちに去勢しておけば、これらの病気にはほぼかかりません。

特に注意していただきたいのは、停留精巣です。精巣は、左右必ず2つあるもので、股間のところに2つぶら下がっているのが正常な状態です。精子の温度は、体温より低めでないといけないので外にぶら下がっているのです。そこに1つしかないということは、残りの1つは、そけい部か、腹部に停留精巣として存在します。

停留精巣は、体にとって異物です。最初の数年は良性でも、年を経るに従いガン化します。停滞精巣を見つけた場合は、必ず外科的に治療しましょう。

◎去勢手術

予防できる疾患

・精巣腫瘍、会陰ヘルニア、前立腺肥大、肛門周囲腺腫、肛門嚢炎

時期

・生後4か月から10か月ぐらい

point

◆去勢手術のポイント

足をあげてオシッコをして欲しくないのなら、発情の来る前の6か月くらいで行います。シニアの病気だけを考えるのなら5～6歳ぐらいまでに手術しましょう。

オスの老犬がかかりやすい病気

前立腺肥大

Prostatic hyperplasia

ホルモンの影響で オスの半分が発病

症状

前立腺が大きくなって、尿道や直腸を圧迫するので、オシッコやウンチが出にくくなります。そのため排せつに時間がかかり、オシッコやウンチに血が混じります。また排せつしようとしてきばる時間が長かったりします。

会陰ヘルニア（→65ページ）になると、腸や膀胱が会陰部に出ることがあります。

概要

人間にもある病気です。去勢していないオスの老犬の50％がかかります。

原因

前立腺はオスの膀胱直下で、後部尿道をとりまくようにある臓器です。前立腺の役割は、分泌される前立腺液により精子に栄養を与え、精子の活動を盛んにすることです。

加齢に伴い精巣から分泌される男性ホルモンのアンドロゲンと女性ホルモンのエストロゲンのバランスがとれなくなるため、前立腺の容積が大きくなります。

犬も人間同様年齢とともに前立腺が肥大します。詳しい原因は不明ですが、ホルモンが関係していることはほぼ確実です。

治療

外科的に、前立腺を摘出します。便秘だけなら、食事療法をして、繊維質の多いものを食べさせましょう。

予防

若いうちに去勢しておくと、前立腺が退化して加齢に伴い前立腺が萎縮するため、この病気にはかかりません。

早期発見のポイント

❶ウンチをするのに、時間がかかる。

❷ウンチをしたがっているが、出ないで何度もきばる。

❸排尿の姿勢をしているのに、オシッコの出が悪い。

こんな症状が出たら動物病院へ！

オスの老犬がかかりやすい病気

肛門《こうもん》周囲《しゅうい》腺腫《せんしゅ》

Adenoma of the perianal gland

去勢をしていないオスに多い病気

症状

肛門周囲腺という肛門の周りの腺組織に硬いしこり（腫瘍）ができます。ウンチに血がついたり、座っているところに少し血がにじんだり、しこりを気にしてお尻を舐めたりかいたりします。腫瘍が大きくなり悪化すれば、排便が困難になることもあります。

概要

肛門の周りに腫瘍ができる病気です。老犬や去勢をしていないオスに多く発症します。メスの発症はオスの約10分の1です。良性なものが多いとはいわれていますが、病理検査をしてもらいましょう。

原因

加齢に伴い、肛門の周りにある腺が腫瘍化します。男性ホルモンが密接に関係するので、オスがメスの10倍かかりやすいです。

治療

外科的にとります。男性ホルモンが関係するので、腺腫をとるだけではなく、去勢をしていない犬なら去勢手術も一緒にするのが一般的です。

米粒大くらいの時に発見して、その腫瘍の周辺をすべて取り除くとあまり転移はしませんが、シッポの下がっている犬や毛の長い犬で発見が遅れると、転移して、外科の手術だけでは取り除けないこともあります。

早期発見が第一です。

予防

若いうちに去勢手術をすると、肛門の周りの腫瘍には、なりにくいです。

! 早期発見のポイント

❶ウンチをした時に、肛門から血が出たり、ウンチに鮮血が混じる。

❷肛門を触ると、コロリと丸いようなものがある。

こんな症状が出たら動物病院へ！

オスの老犬がかかりやすい病気

会《え》陰《いん》ヘルニア

Perineal hernia

筋肉が痩せて臓器が飛び出す

症状

肛門の周りが膨らみます。初期は、ウンチをするのに、時間がかかるため、きばっている姿勢が長いです。ウンチが細いなどの症状もあります。

進んでくると、腸が飛び出すなどして、便秘や排便困難が見られ、ウンチに血が混じったりします。まれに膀胱が飛び出すと、膀胱が反転して尿があまり出ません。これは危険な状態です。

概要

会陰部と呼ばれる肛門の周りの筋肉にすき間ができ、そこに腸や腸間膜、膀胱などの臓器が飛び出てしまう病気です。

5歳以上のオス犬に多く見られ、メスに少ない疾患です。

原因

骨盤の周りの筋肉が痩せてくるとなります。これは、男性ホルモンの影響や腹圧の上昇、肥満により、内臓脂肪が増えたことが原因です。

治療

外科的には、飛び出した臓器（腸、腸間膜、膀胱など）を元の状態に戻し、筋肉のすき間をふさぐ手術をします。高度な技術が必要です。

去勢していない犬の場合は再発しやすいため、同時に去勢手術を行うことが多いです。

内科的には、便秘の薬を飲むなどの対症療法になります。完治を望むのなら、外科的手術が必要です。

予防

他の病気と同様、シニア期の前に去勢手術をすることです。

早期発見のポイント

❶排便の時間が長い。
❷ウンチに血が混じる
❸ウンチが以前より細い。
❹肛門が大きく感じられる。周りが腫れている。

こんな症状が出たら動物病院へ！

オスの老犬がかかりやすい病気

精《せい》巣《そう》腫《しゅ》瘍《よう》

Testical tumor

停留精巣が大きく関与

症状

・オシッコに血が混じる。
・停留精巣が、腹部で腫瘍化した場合は、腹部が硬く腫れ、元気がなくなり、食欲が低下する。かなり大きくなるまで発見しづらい。
・そけい部や外部に出ている場合は、かなり大きく硬いので、触れればわかる。正常な精巣と比べ異様に大きくなる。
・左右対称に脱毛する場合もある。

概要

腫瘍細胞の増殖で精巣が膨れあがります。左右の大きさが違ったり、ある部分だけしこりができたりします。女性ホルモンが異常に多く分泌される「セルトリー細胞腫」、「間質細胞腫」、生殖細胞が腫瘍化する「精上皮腫」などがあります。

原因

加齢以外の一番の原因は、停留精巣です。精巣が股間に下りて来ないで、そけい部や腹部に停留しているので、腫瘍になりやすいのです。ただし正常な位置にある精巣でもなります。

治療

去勢手術をします。「セルトリー細胞腫」という良性のものが多いです。去勢手術をしても脱毛がひどい場合は、ホルモン療法もします。

予防

若いうちに去勢手術をしておくと、精巣腫瘍にはなりません。特に停留精巣の犬は、早めに手術をしましょう。停留精巣で去勢をしておらず、腹部にある犬は、定期的に腹部のレントゲン撮影、超音波診断を受けてください。

！早期発見のポイント

❶オシッコに血が混じっている。
❷停留精巣の犬は正常な位置にない精巣の大きさがかわっている。

こんな症状が出たら動物病院へ！

その他の病気

犬種にかかわらずガンや歯周病の犬は増えている

大きさ、性別の違いにより、かかりやすい病気というのがありますが、もちろん、そこに特異な差が見られない病気もたくさんあります。傾向として、ガンや糖尿病、腎臓病、肝炎、白内障など、人間のかかる病気が犬にも増えてきたということがいえます。

特にガンは人間同様、早期に発見しないと死に至る病気なので、愛犬を日ごろからよく観察することが大切です。

ガンは腫瘍の一種です。腫瘍には、悪性と良性があり、悪性がガンです。

ガンについては68～69ページで詳述してありますが、できる部位によって、名称や症状などが異なります。

乳腺腫瘍（60ページ）、肛門周囲腺腫（64ページ）、精巣腫瘍（66ページ）については、各項目を参照してください。

また全犬種がかかりやすい歯周病は、老犬になれば、切り離せない病気です。小型犬の方がなりやすいですが、大型犬でももちろんなります。人間と同じように食べているのに、歯のケアを何もしなくて、病気にならないわけはないのです。

困るのは、歯が病気になっているとわかっても、犬は痛いため嫌がって触らせてくれないということです。それは、治療にあたり、鎮静剤や麻酔薬などを使わないといけないことを意味します。老犬に、そう簡単にそのような薬は使えないことが多くあるのです。

そのため、若いうちから歯磨きの習慣が大事なのですが、いずれにしてもシニア期になったら、一度、動物病院で歯の検診をされることをおすすめします。

その他の病気

ガン（悪性腫瘍）

Cancer (malignant tumor)

早期に発見すれば治療できる

症状

体のどの部分によらず、しこりができます。触ると硬いです。

ガンによる腫瘍は、限界が不明瞭（ザクロのようにたくさんのブツブツがあったり、岩のようにゴツゴツしている）で、腫瘍の範囲がわかりにくいです。少し触っただけで、血が滲むことも。進行も早く、あっという間に盛り上がり、他の臓器に転移もします。

概要

悪性腫瘍が体のどこかにできる病気です。早期発見が何より大切です。

腫瘍には悪性のものだけでなく、良性のものもありますが、このうち悪性のものをガンといいます。一般的に、良性は、限界明瞭（コロリと丸餅のようだったり、根が張っていなかったりしています）で、血出傾向も少なく、進行もゆっくりです。他の臓器に転移することはあまりありません。

肥満細胞腫は、人間にはない悪性腫瘍で、体中のどこにでも腫瘍ができます。ボクサーやボストン・テリアに多いといわれており、症状が進むと、吐血や胃潰瘍を起こします。リンパ腫はリンパ球の悪性腫瘍で、下あご、膝の後ろなどのリンパ節が腫れてきます。唯一薬物療法に効果の見られるガンですが、再発もありえるので、完治には至りません。

その他皮膚にできる黒色腫（メラノーマ）、血管を作る細胞にできる血管腫、皮膚や粘膜を作る扁平上皮というところにできる扁平上皮ガン、皮膚腫瘍の中で最も多い皮脂腺腫などがあります。

原因

加齢に伴って、細胞内の遺伝子が異常に働き出し、増殖しないでもいい細胞が、無秩序に増えることです。人間も同じような症状ですが、これといった原因は、まだ解明されていません。

治療

しこりが見つかった時点で、早めに外科的にとります。飼い主が発見した時点では、抗ガン剤など効かない状態まで進行していることがほとんどです。ガンは、細菌感染ではないので、抗生剤は効きません。

腫瘍の部分を外科的に取り除き、その後、化学療法として抗ガン剤を使うこともあります。二次診療などを行っている大学病院などでは、放射線治療を行うこともあります。細胞レベルで転移している場合は、抗ガン剤も使いますが、放射線治療抗ガン剤は、副作用の問題もあります(食欲がなくなる、元気がなくなるなど)のでインフォームドコンセントをしっかり受けてから治療に入りましょう。

高齢で麻酔をかけられない場合でも、今はレーザー治療があるので、局所麻酔だけで取り除くことができます(→70ページ)。

外科的処置ができない場合は、延命治療や痛みを取り除くことしかできません。そうした場合は、残された時間の、QOL(クオリティー・オブ・ライフ)を考えましょう。

予防

シニアになったら、半年に1度、ドッグドックを受けさせましょう。犬の1年は人間に換算すると6年ぐらいになるので、ほんの半年と思っていても、人間にすれば3年ぐらいの計算になります。

また、シャンプー時などに、しこりや硬いところはないか、つねに注意を払うことが早期発見につながります。

早期発見のポイント

❶皮膚や口にしこりがある。
❷傷やただれが長い間治らず、分泌物が出ている。
❸傷やただれが長い間治らず、嫌な臭いがする。
❹体から嫌な臭いがする。
❺よだれに血が混じる。
❻便、尿に血が混じる。
❼食欲がなくなる。
❽食べているのに、体重が落ちてくる。
❾呼吸が大きい、または不自然である。
❿散歩を嫌がる。
⓫食べたいけれど、何か食べにくそうにしている。
⓬体の一部がマヒする。

全ての症状が出てくるわけではありませんが、こうした症状を観察しましょう。

こんな症状が出たら動物病院へ!

Column

ガンの新しい治療法

半導体レーザー

獣医学も日々進歩しています。今では、半導体レーザーを使ったガンの手術、局所麻酔でできるガンの手術、疼痛管理、ましてや手術ができないガンのQOL（クオリティー・オブ・ライフ）をあげるためにも使われています。

手術が無理でもQOLが上がる

肺や腹部にたくさん腫瘍ができて手術ができなかったり、手術をしても全部取りきれないといわれた場合、今までは点滴などの対症療法ぐらいしかできませんでした。抗ガン剤使用という方法もありますが、副作用も強いため、飼い主も悩むところです。

　でも、レーザー治療の一部であるロータリーハンドピースを使うと、抗ガン作用のある波長を出すことによって、生活が改善されるのです。

　例えば、肺の腫瘍がある場合、呼吸が楽になったり、息をするたびにフィーフィーと鳴っていた音がしなくなったりします。息が楽になるので、食欲も増してきます。

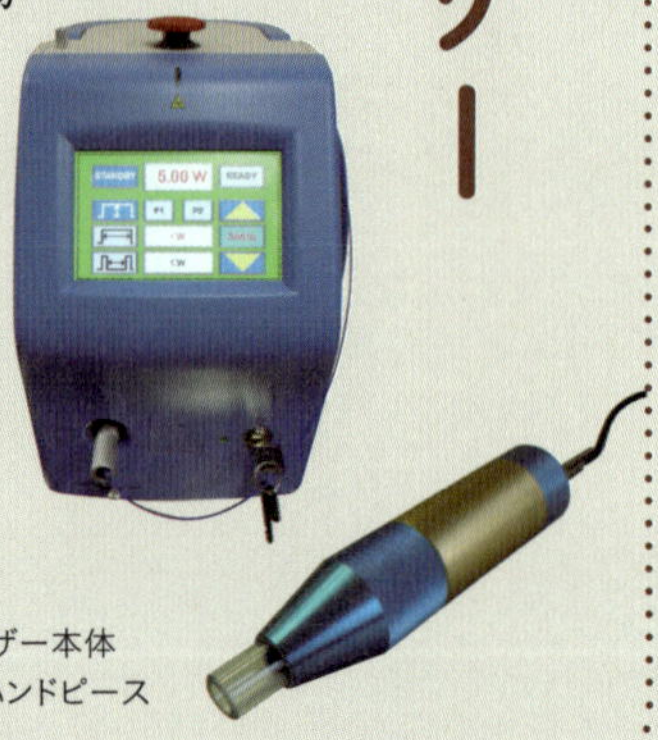

上――半導体レーザー本体
下――ロータリーハンドピース

■利点

1▼全身麻酔をしなくていい。

2▼外科的手術ではないので、ほとんど痛みがない。温かいだけ。

3▼通院だけでOK。入院させなくてもいい。

麻酔がかけられない犬にも局所麻酔で対応できる

　手術自体は、そう難しくないけれど、心臓疾患や腎臓疾患があり、麻酔がかけられないというケースも、シニアになれば出てきます。

でも、この半導体レーザーを使えば、局所麻酔だけで、口腔内にできた腫瘍を小さくできます。消失することもできるのです。写真を見ていただくとわかると思います。

これは、ガン細胞が、熱に弱いという性質を利用しているものです。他にもマイボーム腺種というまぶたのところにできる腫瘍は、麻酔なしでとることができます。

もちろん、全部の腫瘍にこの半導体レーザーが有効というわけではありません。理想は、外科的にすべて取りきることですが、そうできない場合は、半導体レーザーで取ることができる場合もあります。

かかりつけの動物病院で尋ねてみましょう。

■利点

1▼無麻酔か局所麻酔でできる。

2▼血管を止血しながら切るので、腫瘍を取る際にあまり血が出ない。

ペインコントロール（疼痛管理）もできる

椎間板ヘルニア、膝蓋骨内側脱臼などは、寒い時期や湿度が多いと、痛みを伴います。そういう時に、レーザー治療をすると、血行がよくなり痛みが緩和されます。シニア期になると、骨ももろくなるし筋肉も落ちるので、関節などに痛みがあり、歩くのを嫌がる子が多いです。

犬もシニアになると、形成外科に通って電気治療をしてもらうとよいです。そういう時代になってきました。

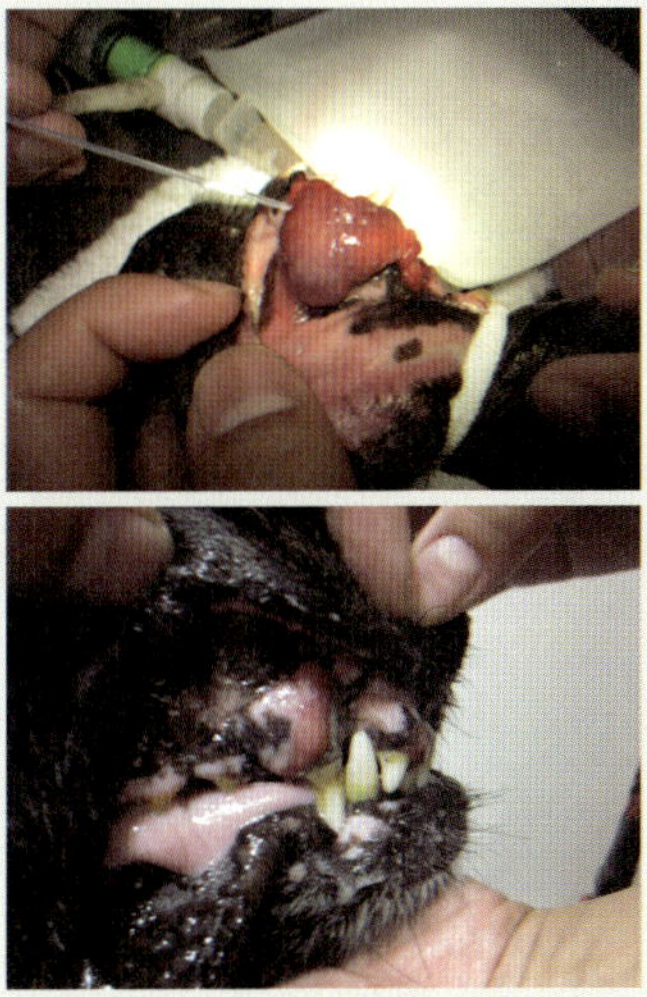

上——半導体レーザーによる口腔内の腫瘍切除手術の様子。
下——腫瘍がほぼなくなっているのがわかる。
写真提供：飛鳥メディカル株式会社

その他の病気

胃捻転

Gastric voluvulus

大型犬に多発する胃がねじれる病気

症状

落ち着きがなくなり、何度も吐く動作を繰り返します。胃がねじれているので、何もできません。そのうち、胃がだんだんと腫れてきます。だれが見ても腹部の上の方が腫れているのがわかります。放置しておくと命にかかわります。胃がねじれると血管もねじれるので、脾臓、胃、腸などに血が通わなくなり壊死してしまうのです。

概要

膨らんだ胃がねじれて戻らなくなります。

原因

胃の中に多量のフードが入り、胃がねじれて膨らみます。年とともに胃の平滑筋の弾力性も悪くなり、それでねじれたまま（捻転）になるのです。

かかりやすい犬種

一般的に、コリー、秋田、ジャーマン・シェパード、ボルゾイなどの大型犬がかかりやすいです。痩せて栄養状態の悪い犬もなります。

治療

胃に管を入れてガスを抜く方法もありますが、普通、すんなりと管は入りません。そのため、胃の捻転を戻す手術をしなくてはいけません。開腹して、胃の状態を見て、胃を元に戻し、胃の中のガスを抜きます。

手術をしたからといって、必ず治るわけではありません。そのまま亡くなることも多くあります。

予防

散歩の後は、ゆっくり食事をあげ、水も数回に分けて飲ませましょう。

！ 早期発見のポイント

❶食後の運動で胃の辺りが腫れる。
❷吐く動作をするが、何も出ない。
❸落ち着きなくうろうろしている。

こんな症状が出たら動物病院へ！

その他の病気

肝炎

Hepatitis

肝臓の代謝がうまくいかなくなる

症状

食欲不振、嘔吐、下痢などが観察されます。胆管も侵されると黄疸が出ることもあります。目の白い部分が黄色くなり、口の粘膜は黄色い絵の具を塗ったようになります。さらに危険な状態になると、目に落ち着きがないなどの中枢神経障害が出ます。

慢性肝炎になると、食欲不振、元気がないなどの症状が出ます。

概要

肝臓は、糖質、タンパク質、脂肪の代謝をするところです。つまり、合成、貯蔵、分解をしているわけです。その他にも、有機物を無毒化したり、ビタミン、ホルモンにも関係しています。

こうした肝臓の機能がうまく働かなくなります。

原因

肝炎には、急性と慢性があります。急性の原因には、ウイルス、細菌、真菌、寄生虫、重金属、カビなどがあります。慢性肝炎は、急性肝炎から進行してなります。

治療

急性の場合は、最初の2～3日は食事を止めて点滴を行います。これで水分と電解質の補給になります。肝性脳症の原因となるアンモニアを少なくする治療も重要です。

予防

良質のフードを与えることです。信頼できるメーカーのフードを与えましょう。細菌やウイルスによって、肝炎を引き起こすので、きちんと予防接種（ワクチン）を受けて、定期的に血液検査を受けましょう。

！早期発見のポイント

❶散歩を嫌がる。
❷目が黄色い。
❸寝てばかりいる。

こんな症状が出たら動物病院へ！

その他の病気

腎臓病

Kidney ailment

有毒物質や老廃物が排出できなくなる

症状

腎炎などの病気が進行して、腎臓機能がうまく働かなくなります。悪化すると、体に尿素が溜まって尿毒症を発症し、命にかかわります。多飲多尿で、食欲がなくなり、嘔吐し始めます。吐く息にアンモニア臭がしたりします。

慢性の場合は症状が出にくいのですが、ひどくなるとネフローゼや尿毒症を起こします。

概要

腎臓は、血液を濾過して、老廃物と水分とともに排泄させるところです。その他には、骨の代謝、造血、体液の平衡状態を保つ役割もあります。そうした腎臓の機能がうまく働かなくなる病気です。放置しておくと命にかかわります。

原因

犬の急性腎炎は、尿路結石症で、オシッコが出なくなるために起こったり、また、子宮蓄膿症で細菌感染した時にも起こります。

急性腎炎をそのままにしておくと、慢性腎炎に移行します。

慢性腎炎にかかると、腎臓の組織がもろくなります。そのため、組織がうまく働かず慢性腎不全になります。

治療

人間なら、透析治療が一般的ですが、犬の場合はほとんどしません。腹膜灌流といって、腹膜に灌液をいれて、1時間後に回収するという方法もありますが、1度だけでは、それほど効果がないので、1日に4～5回必要になります。それで一般的ではありません。

点滴をしたり、水を多く飲ませたりして、尿量を増やします。内服薬で尿素を吸着してくれるクレメジンを飲ませたりします。食事療法もあります。良質のタンパク質含有、塩分控えめで、リンを制限しています。

ただ、腎臓病を患っている犬は、食欲が落ちているので、これらのものを食べないことが多いです。だから、何か食べてもらうように食事を工夫しましょう。

人間の腎臓病も、一度悪くなると、完治することは珍しいです。犬は、人工透析や腎移植などがされていないので、腎臓が悪くなると、悪くなるスピードを遅らせる治療になります。ほとんどの場合は、一生、つきあっていくことになります。

予防

犬が喜ぶからといって、味のついたもの、特に塩分のあるものは絶対に与えないことです。塩分は犬の腎臓に大きな負担をかけます。

また、日ごろから、オシッコはちゃんと出ているかどうか、観察しましょう。出ていると思っても本当は出ていないこともあります。オシッコの量に変化が見られたら、動物病院で、血液検査（BUN・クレアチニン・カリウム・リンなど）をしてもらいましょう。

早期発見のポイント

❶食欲がない。
❷吐く息に、嫌な臭いがする（化膿とは違う。吐く息にアンモニア臭が混じっているため）。
❸毎日だるそうにしている。
❹オシッコの量が多い。

こんな症状が出たら動物病院へ！

腎臓病と血圧計

シニア期になると、腎臓疾患を患う子もいます。腎臓病への対処は、点滴をする、食事を腎臓食にかえるなどで、そんなに劇的な治療法はありません。

ですから、進行をさせないことがいちばん大事です。

今は犬の血圧を測ることができます。高血圧になると、腎臓の細胞が破壊されますのでよくありません。血圧測定は、測っている足が少し圧迫されるだけで、さほど痛みもないので、コツさえつかめば、簡単にできます。

腎臓病になったら、定期的に血圧を測るとよいでしょう。

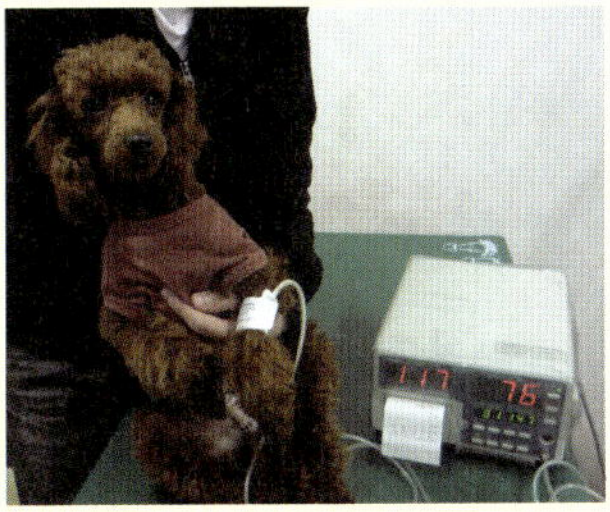

血圧の測り方は人間とほぼ同様で、犬にも負担が少ない。

その他の病気

糖尿病

Diabetes

人間同様、肥満がいちばんの原因

症状

糖尿病になると、たくさん水を飲み、たくさんオシッコをします。つまり多飲多尿という症状が出てくるのです。

若い時は、ふっくらしていたのに、食べている割に痩せてきます。

こうした初期症状の段階で気がつかないと、食欲不振、腰のふらつきなどが出て、危険な状態で病院に行くことになります。

概要

糖尿病とは血糖値を制御すべきインスリンがうまく作用できないため起こる代謝の異常です。人間の生活習慣病の代表格ですが、犬にも増えています。

動物は、食べたものをブドウ糖に分解してその場で使わないものを蓄えます。その時に、すい臓から分泌されるインスリンが不足すると、尿から糖が出ます。犬の場合、すい臓の異常によってインスリンが出ていないインスリン依存型糖尿病と呼ばれるタイプがほとんどです。

原因

最も多い原因は、肥満です。

その他にもまれに、ストレス、遺伝、妊娠、発情、腫瘍、ウイルス感染などで、糖尿病になる場合があります。

かかりやすい犬種

マルチーズ、シー・ズー、チワワ、ポメラニアン、ミニチュア・ダックスフンドなどの小型犬が比較的多くかかります。

小型犬に多い理由は、比率の問題です。例えば、2キロのチワワを4キロにするのは簡単です（食欲旺盛なら、すぐに太ります）。一方25キロのラブラドール・レトリーバーを倍の50キロにするのは難しいです。

また、小型犬は、室内飼いの場合が圧倒的に多いので、家族の人が食事の度に何か与えると、すぐに肥満になります。そういう理由から、小型犬に多いのです。

治療

血糖値が１８０以上になると、糖

尿病が疑われますので、定期的に血糖値を調べましょう。

初期は食事療法でも治療できますが、飼い主がおかしいと思って連れて来た時は、もうインスリンを打たないといけない状態まで病気が進んでいることが多いです。

インスリンを打たないといけない糖尿病をインスリン依存型糖尿病といいます。このような犬は、毎日、1回から2回、飼い主がインスリンを打たないといけません。インスリンを打つ単位は、日によって異なるので、運動量や食事、オシッコの糖の量などを見ながら調節します。完治は難しいので、一生、打ち続けることになります（初期のうちは、体重をコントロールしてもらうと、治ることもあります）。家では、尿糖を調べて、インスリンを打つ単位を決めます。血糖値は、定期的に動物病院で調べてもらいましょう。

珍しいケースですが、糖尿病の中には、インスリン非依存型糖尿病もあります。この場合はインスリンがちゃんと出ているので、インスリン注射は不要です。肥満がインスリンの作用を弱めているので、肥満を解消すれば、血糖値も下がります。

予防

一般的には、肥満によってなる生活習慣病なので、太り過ぎにはくれぐれも注意してください。犬の場合は、避妊・去勢手術をするとどうしても太りやすくなるので、若い時と同じように食べさせるのはよくありません。太らせないように、食事管理が大切です（→94ページ）。

老犬の場合は、心臓や関節が弱っているので、運動で体重を落とすのは困難です。食事管理がいちばんです。

とはいっても食事管理だけで体重を落とすと、筋肉も落ちます。無理しない程度に、筋トレをするのもおすすめです（→144ページ）。バランスボールに乗せるだけで、インナーマッスルが鍛えられます。まずは、食事管理、そして、その子にあった運動が大切ということです。

早期発見のポイント

❶肥満傾向にある。
❷水をよく飲み、オシッコもよくする。
❸急に痩せてくる。
❹動かなくなる。

こんな症状が出たら動物病院へ！

その他の病気

甲状腺機能低下症

Hypothyroidism

オスメスともに発症する甲状腺の病気

症状

・歩くのが遅い。
・ボーっと立っている。
・体が痛そうで、あまり動かない。
・体のどこかを触ると痛がる。
・寒がる。
・脱毛し、シッポの毛がなくなる。
・急に老け込んだ感じがする。
・木馬のように奇妙な歩き方をする。
・精巣が小さくなった。

前記のような複数の症状が錯綜して出てきます。これらは、一般的な老化のように見えるので、老犬になると仕方がないな、と思いがちですが、そうでもないのです。

この他にも、色素の沈着、炎症がある、痒がる、顔が腫れたように見える（粘膜水腫）などの症状が見られることもあります。

概要

中年以降の中型犬、大型犬に多く発症する内分泌の病気です。

原因

気管のところに甲状腺があります。甲状腺から、サイロキシン、トリヨードサイロニンというホルモンを分泌しています。そのホルモンの分泌量が少なくなります。甲状腺が先天的に萎縮したり、何らかの病気で出なくなったりするのです。

ストレスで甲状腺ホルモンの分泌が減ることもあります。

かかりやすい犬種

アフガン・ハウンド、ゴールデン・レトリーバー、ビーグル、ボクサー、コッカー・スパニエル、シェットランド・シープドッグなどの犬種がなりやすいです。

性別の差は認められません。

治療

まずは、血液検査で、甲状腺のホルモンが少なくなっていないか調べましょう。動物病院で一般的に行われている血液検査では、甲状腺ホルモンの測定はできません。外に出すことになります。

甲状腺ホルモンの内服薬があるので、犬にあった量、適量を与えると毛もはえて、色素沈着もなくなります。もちろん、運動も嫌がらずにするようになります。症状が消えたからといって、薬を飲ませることをやめたりせず、血液検査をしながら、量を調節しましょう。

毛が抜け始めたら要注意。

薬の量があってくると、びっくりするほど回復します。散歩中もどんどんひっぱるようになります。

ただし、薬の量が多過ぎると、中毒になります。ひどい場合は心臓発作を起こしてしまうことがあるので、くれぐれも獣医師の指示通りに飲ませましょう。

予防

高齢になるとホルモンのバランスが崩れてきます。それが、老化によるものかどうか悩むところですが、甲状腺ホルモンは、血液検査などをすれば、すぐにわかります。早期発見、早期治療が何より大切です。

老犬になると、普通運動をするのも体を触られるのも嫌がります。でももしかしたらそれは年齢のせいではなく、甲状腺のホルモンが出ておらず、それで、運動する気分にもならず、さらに体が痛いのかもしれません。

血液検査すればすぐにわかるので、定期的に検査しましょう。

発見の難しい病気ではありません。血液を採取し、甲状腺ホルモンであるT4（T3も同時に調べてもらうといいですが、T4は必須）の値を見るとわかります。

早期発見のポイント

❶顔がむくむ。
❷体温が下がるので、寒がる。
❸腹部、シッポ、首の辺りの毛が抜ける。

こんな症状が出たら動物病院へ！

その他の病気

クッシング症候群
（副腎皮質機能亢進症）
Cushing's syndrome

医原性と自然発生タイプがある

症状

・食欲が旺盛になり、太ってくる。
・たくさん水を飲んで、たくさんオシッコをする（多飲多尿）。
・左右対称性に脱毛する。
・腹部が妊娠したかのように腫れる。
・皮膚が薄くなり弾力性がなくなる。
・皮膚に和紙のような線が入る。
・皮膚に色素が出る。
・腹部が垂れ下がってくる。

前記のような複数の症状が錯綜して出てきます。

これらの症状は、糖尿病と非常によく似ていますので、見分けがつきにくいものもあります。

また、食欲があり水をよく飲むことは、一見いいことと思われがちですが、そうではありません。例えば水の摂取量は体重1キロ当たり1日に50cc程度が適量です。過度に飲むようならどこかに異常がある可能性があります。

少しでも気になる症状が出たら動物病院に連れていってください。

概要

副腎は、腎臓の上にあり、ホルモンを分泌しているところです。その副腎皮質から、コルチゾール（ステロイドホルモン）というホルモンが大量に放出される病気です。ステロイドホルモンは、全身の代謝（糖や脂質、タンパク質、ミネラルなどの物質が使われること）を調整しています。医原性と自

若いころに比べ、水をたくさん飲むようになったら、病気が隠れていることも多い。

然発生タイプがあります。

原因

意外と多いのが、「医原性クッシング症候群」です。アレルギーなどを持っている犬が、長年の間、副腎皮質ホルモン（ステロイド）を多量に投与されていると、この病気になることがあります。

そのほかには、「自然発生クッシング症候群」があり、それは、副腎皮質が腫瘍化するなどして、コルチゾールが多量に出る場合になります。

脳下垂体の前葉や中葉に腫瘍ができてそれで副腎皮質刺激ホルモンがたくさん作られます。

かかりやすい犬種

プードル、ダックスフンド、ビーグル、ボストン・テリア、ボクサーなどの犬種がかかりやすいです。医原性は、どんな犬種にも見られます。

治療

医原性の場合は副腎皮質ホルモン（ステロイド）の量を少しずつ減らしていきます。自然発生的になった場合は（腫瘍など）、外科的に摘出するなど、治療方法が異なります。時間をかけてじっくり治しましょう。

副腎腫瘍が悪性の場合は、他の臓器に転移するので、予後はよくありません。手術ができない場合もあります。

予防

アトピーや皮膚病、免疫疾患などで、薬をもらっている場合は、どのような薬を処方されているか、確認しておきましょう。

副腎皮質ホルモンが処方されている場合、食欲旺盛になり、多飲多尿になることがあります。水を飲み過ぎていないかよく観察し、そのような症状が出たら、必ず主治医に報告しましょう。薬の量が減るかもしれません。

ただし、飼い主の判断で勝手に薬の服用を止めるのは大変危険なのでやめてください。

予防法が確立されていないので、老犬になったら定期的に健康診断を受けましょう。

早期発見のポイント

❶たくさん水を飲み、たくさんオシッコをする（多飲多尿）。
❷皮膚が和紙のように薄くなる。
❸毛が抜ける。

こんな症状が出たら動物病院へ！

その他の病気

アジソン病

（副腎皮質機能低下症）

Addison's disease

(Hypoadreno Corticism)

副腎皮質が作用しなくなる

症状

・元気がない。
・疲れやすい。
・下痢をする
・吐く。
・多飲多尿。
・体重が落ちる。

急性だと、急に元気がなくなり、ショック状態を起こし、命に関わります。

概要

クッシング症候群（副腎皮質機能亢進症）とは逆に、副腎皮質ホルモンの分泌量が低下することで、起こる病気です。

原因

なんらかの理由で、副腎皮質自体が破壊され、副腎皮質がほとんど作用しなくなります。腫瘍や薬剤などが原因で破壊されることもあります。

副腎皮質に指令を与える視床下部や下垂体に異常があって起こる場合（腫瘍）もあります。

また、長期間または大量の副腎皮質ホルモン（ステロイド剤）治療をしていて突然やめた場合に起こることもあります。

これを医原性といいます。

治療

急性の場合は、緊急治療が必要です。慢性の場合は、副腎皮質ホルモンなどの薬を生涯にわたって飲むことになります。

予防

早期発見、早期治療に限ります。早期発見のポイントを確認しておいてください。

！ 早期発見のポイント

❶副腎皮質ホルモンを急に止めた。
❷ふらつく。
❸留守番が長い、来客が多いなどストレスを与えることがあった。

こんな症状が出たら動物病院へ！

その他の病気

肛門嚢炎

Inflammation of the anal sacs

ニオイ袋が炎症を起こす

症状

お尻を気にして床にこすりつけたり、お尻をなめたりします。症状が悪化すると、腫れて痛みが激しくなり、飼い主が患部付近を触ろうとすると怒ります。デリケートな子は、食欲が落ちたり吐いたりします。

排便が困難になったり、肛門嚢が破れてうみや血が混じって分泌物がたくさん出ることもあります。

概要

お尻にあるニオイ袋（肛門嚢）に細菌（主に大腸菌）が入って、炎症を起こす病気です。

原因

年齢を重ねると肛門括約筋の収縮力が低下してきます。それで肛門嚢（肛門の周り、時計でいうと、3時と9時ぐらいとところにある）を絞る力が弱まり、内部に分泌物が溜まりやすくなります。分泌物が溜まってくると肛門嚢の導管や開口部が詰まるため、肛門嚢炎が起こります。

下痢などが続いて、細菌感染が起こり、発症することもあります。

治療

肛門嚢を絞り、分泌物を排出させます。赤く腫れている時は抗生剤を投与します。肛門嚢が破裂した場合は、洗浄してレーザーで消毒します。裂けたところが大きいと縫合しないといけないこともあります。

予防

普段から肛門周辺をよく観察し、定期的に肛門嚢を絞ることです。去勢手術をしておくと、肛門嚢炎になりにくいです。ただ、ならないわけではないので、定期的に絞ることは大切です。

早期発見のポイント

❶肛門をこする。
❷肛門をやたらとなめる。
❸ウンチが細くなる。

こんな症状が出たら動物病院へ！

その他の病気

外《がい》耳《じ》炎《えん》

Otitis externa

耳がたれ下がっている犬に多い

症状

・耳に痛いような痒みがあるため、頭を傾けたり、振ったりする。
・後ろ足で耳を掻こうとする。
・前記の初期症状を放置しておくと、酸っぱいような臭いの耳だれが出てくる。
・耳の近くを触ろうとすると嫌がる。
・黒っぽい耳あかが出る場合は、ミミダニによる外耳炎が考えられる。

概要

耳道に炎症を起こします。悪化すると耳道をふさぐこともあります。

原因

解剖学的に耳がたれ下がっている犬は、風通しが悪い（空気の流れが悪い）ので外耳炎になりやすいです。典型的な犬種がコッカー・スパニエルです。その反対に、耳が立っていて、風通しがいいのに、外耳炎になりやすい犬種が柴です。柴は、アトピー性皮膚炎を持っている犬が多いので、耳が立っているにもかかわらず耳道が炎症を起こしやすいのです。

原因として、ミミダニ、細菌、マラセチア菌、真菌などがあげられます。

ミミダニによる外耳炎は黒っぽい耳あかが出ます。難治性です。

風通しが悪いと
耳の病気に
なりやすいんだ！

かかりやすい犬種

アメリカン・コッカー・スパニエル、イングリッシュ・コッカー・スパニエル、キャバリア・キング・チャールズ・スパニエル、シー・ズーなどの耳のたれ下がった犬と柴です。

治療

原因にあった治療が大事です。

例えば、アトピー性皮膚炎を持っている犬はそれを抑えないとなかなか完治しません。

一方、ミミダニが原因の場合は、ミミダニを駆除しないといくらこまめに洗浄しても治りません。

耳が炎症を起こしているので、こまめに耳道の洗浄をします。耳道の腫れがひどいと洗浄液が入らないため、外科的に耳道切開をしないといけない場合もあります。

外耳炎にかかったからといって綿棒で耳道をきれいにし過ぎると、耳道を傷つけることになります。目で見える範囲を優しくこする程度にとどめておいてください。

若いころ外耳炎にならなかった犬でも、年をとって免疫力が落ちると難治性の外耳炎になり、なかなか治らない場合もあります。ガンの場合もあるので要注意です。

［外耳炎のしくみ］

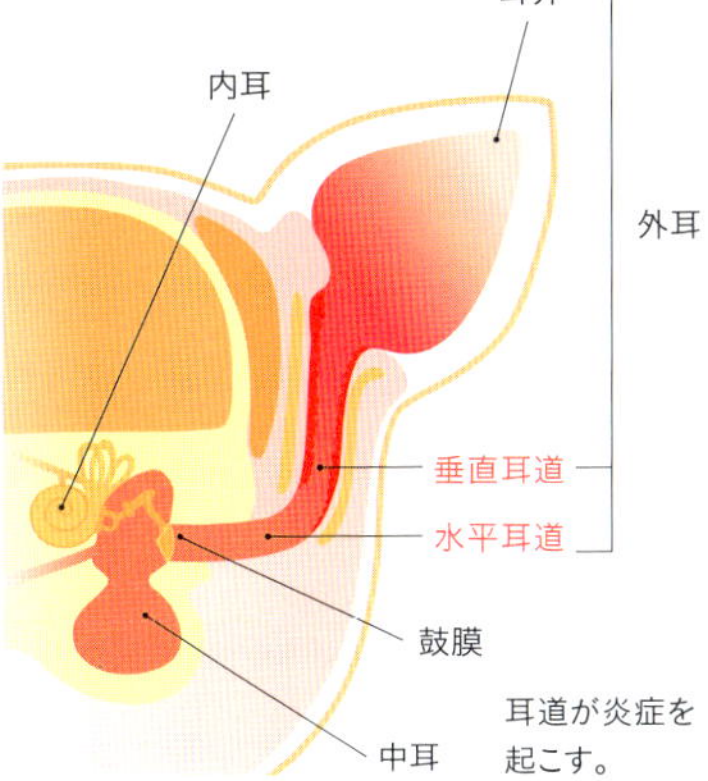

予防

シャンプーの際は、耳に水が入らないように注意しましょう。耳道をのぞき込んで、汚れていないかこまめにチェックすることも大切です。

また、アトピーが原因の場合は、アトピー用の処方食にかえると、外耳炎になる確率が少なくなります。

早期発見のポイント

❶若いころから、外耳炎になりやすい体質の犬は生涯を通じてなりやすいので注意する。
❷耳を振る。
❸頭を傾ける。
❹酸っぱいような嫌な臭いがする。

こんな症状が出たら動物病院へ！

その他の病気

白内障

Cataract

進行すると失明の危険も

症状

犬の黒目のところが濁り、白っぽくなってきます。

初期のうちはなかなかわかりづらいのですが、室内ではわからなくても、明るいところで見て濁りに気づいたりします。

「早期発見のポイント」にあるような症状が出たら、動物病院で検査を受けましょう。

概要

水晶体が白く濁り、ものが見えづらくなる病気です。

原因

目の中に水晶体と呼ばれる透明なところがあります。いわゆるレンズの部分です。

目が見えるということは、角膜から光が入り、水晶体を通って、網膜に図を結ぶということです。水晶体が濁ると見えなくなります。その原因は、加齢によるもの、糖尿病によるもの、外傷、日光などです。

犬は他の動物よりも白内障になりやすいといわれています。

かかりやすい犬種

アフガン・ハウンド、アメリカン・コッカー・スパニエル、イングリッシュ・コッカー・スパニエル、キャバリア・キング・チャールズ・スパニエル、シェットランド・シープドッグ、シー・ズーなどに多く見られます。

治療

外科的に手術をして、水晶体を人工の水晶体に変えれば視力は回復します

初期の段階では、明るいところで見て始めて気づくことも多い。

（片目で20万円前後の手術代がかかります。動物病院によって違うので問い合わせてください）。

金銭的なことは二の次にして、愛犬のためになるのだったら、外科的に手術をしようと考える飼い主も少なくありません。ただし、高齢の犬は、麻酔のリスク、入院のストレスなどの問題がありますので、獣医師と十分相談し、納得がいくようなら、手術をしましょう。

人間は目からの情報が8割以上といわれています。犬は人間より嗅覚や聴覚が発達しているので、目が見えにくくなっても、他の五感で補うことができますので、人間の失明と全く同じと考える必要はありません。

手術をしない場合は、点眼薬治療が一般的です。治るわけではありませんが、進行を抑えることができます。多少視力が落ちても、日常生活にはさほど支障はないようです。

ただし、目の間に急に手を出したりするとこわがることもあるので、接し方に注意しましょう。

［白内障のしくみ］

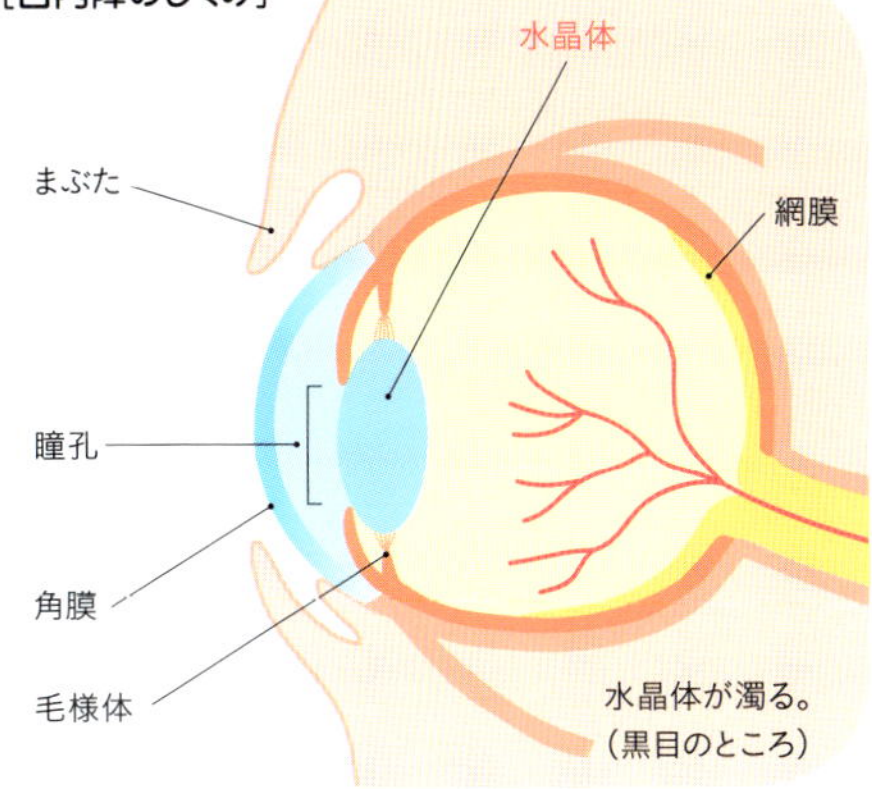

予防

動物病院で、定期的に白内障の検査を受けましょう。糖尿病からくる白内障は、たくさん水を飲み、たくさんオシッコをするなどの症状があるので、そういう症状が出たら、よく観察してください。

外傷による白内障は、目が傷ついているわけですから、痛みで目をちゃんと開けないことなどがあります。犬の目がある付近に、刺さるようなものがないように、注意しましょう。

！早期発見のポイント

❶夜道を散歩させていると転びやすい。
❷よくものにぶつかる。
❸知らない場所に行くと震える。
❹階段から落ちる。
❺ちょっとした物音に怯える。

こんな症状が出たら動物病院へ！

その他の病気

歯周病

Gum disease

歯磨きの習慣で予防できる

症状

シャンプーしたばかりなのに、臭いがします。これは口臭です。

よだれが出やすくなり、そこにうみや血が混じります。犬は、元来それほどよだれを出しませんが、出ているよだれが、透明ではなく赤くなったりします。

白っぽい毛色の犬は、口の周りがよだれやけします。

概要

人間と同じく、歯垢が溜まって、細菌感染します。いったんかかるとなかなか治りません。

原因

歯に付着する歯垢（プラーク）が原因です。歯垢は、食べ物のかすと細菌の固まりです。これが炎症をひき起こします。歯垢が溜まると歯石になり、歯と歯茎の間につきます。そこに、ポケットができて、細菌感染するというしくみは人間と全く同じです。それで、歯茎から、出血したりします。

かかりやすい犬種

加齢に伴い、歯周病になる犬は多いのですが、若くてもチワワ、トイ・プードル、マルチーズなどの小型犬は、口の中の細菌数が多いので、歯周病になりやすい犬種といえます。

治療

全身麻酔をかけて、歯石の除去をして歯をきれいにします。歯石が酷い場合は、抜歯することもあります。その後、止血剤や抗生剤で、炎症を止めます。アメリカの獣医師会の統計によりますと、3歳を越すと80％以上の犬が歯周病にかかっているそうです。

一度、歯石を取ったから、もうそれで終わりということはありません。加齢とともに口腔内の細菌数が増えるので、歯周病になりやすいものです。麻酔がかけられるような状態なら、年に一度ぐらいの割合で、動物病院で歯石を取ってもらうのが理想です。人間のように、犬の場合は歯の治療を局所麻酔でできないことが多いので、その点は、かかりつけの獣医師とよく相談しましょう。

予防

歯磨きです。生後すぐのうちから、歯磨きの習慣をつけることが大切です。

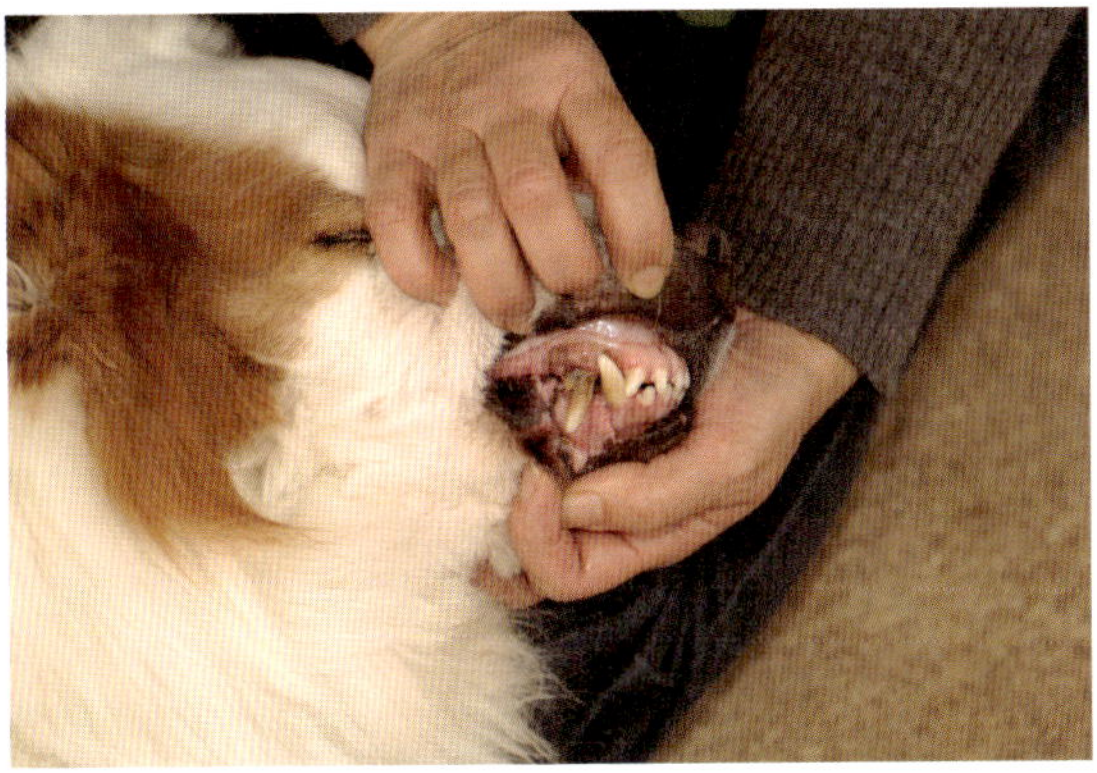

歯周病は予防がいちばんだが、なってしまったら歯石を取って治療する。

歯周病になってから、あわてて歯磨きをしようとしても、歯肉などの痛みがあるのでさせてくれません。歯周病は予防できる病気なので、乳歯の時期から、しっかり歯磨きしましょう。

乳歯は、生後4か月から生後6か月の間に、永久歯に抜け替わります。永久歯になれば、一生、その歯で暮らします。

犬の最終的な歯の数は、切歯3本、犬歯1本、臼歯6本(下あごでは、7本)で、上下左右合計で42本になります。

また食事に関していえば、柔らかい缶詰を食べている犬の方が、堅いドライフードを食べている犬よりも歯垢がつきやすいです。歯垢がつきにくいドライフードも出ています。かかりやすい犬種の場合はこういうフードを食べていると予防になります。

すでに老犬で、歯磨きさせてくれない犬は、あくびをした時などに、奥歯（臼歯）を見てください。老犬になっても健康な歯は白いです。もし、黄色や茶色に変色しているようなら、間違いなく歯周病です。予防はできませんが、歯周病の悪化で歯が抜けることもあります。大量に出血することもあることを知っておいてください。

早期発見のポイント

❶食べる速度が遅くなる。
❷歯磨きを嫌がる。
❸よだれが増える。
❹よだれに血やうみが混じる。
❺体をきれいに洗っているのに臭いがする。

こんな症状が出たら動物病院へ！

Column

子犬の時から慣れさせる

歯磨きのコツ

歯磨きは生後2か月から行ってください。つまり家に来たら、すぐに歯磨きをしてあげましょう。生後2～4か月ぐらいまでは乳歯で、その後永久歯が生えてきます。生後6か月くらいで、全て永久歯に抜け替わります。

歯磨きは永久歯になってから始めればいいと思うかもしれませんが、それでは遅いです。**幼い時から、口のケアをすることに慣れさせておくことが大切なのです。**

もちろん、生後1年くらいでは、歯のトラブルはほとんどありません。歯周病になるのは5歳ぐらいからです。ただその時期になって、歯にトラブルがあるからと初めて歯磨きをしようとすると、なかなかさせてくれません。

歯磨きの方法ですが、ガーゼで歯と歯茎を磨いて行います。

抵抗なく歯磨きさせてくれるようなら、犬用の歯磨き粉（ゆすがなくてもいいタイプのものが販売されています）をつけて、歯ブラシで磨いてあげましょう。

毎日行うのが理想ですが、1週間に1度ぐらいでも大丈夫です。

ただ、乳歯が抜けず、2枚歯になったり、歯周病になっている場合は、早めに獣医師のところに行き、歯の治療をしてもらうといいでしょう。避妊、去勢手術がまだなら、手術の時に、抜けていない乳歯を処置してもらいましょう。

それ以外の病気

三尖弁閉鎖不全症

増帽弁閉鎖不全症の犬の多くが併発します。

症状▼初期症状として息切れ、咳などが現れます。胸や腹に水が溜まり、進行してくると、呼吸困難や発作を起こすこともあります。

治療▼増帽弁閉鎖不全症（43ページ）と同じ方法で行います。

肺水腫

心臓疾患が進行した時によく発症します。肺に液体が漏れてきて、酸素不足になります。

症状▼息切れ、咳に始まり、チアノーゼに陥ることもあります。呼吸が苦しいため、口を開けていることが多くなります。

治療▼利尿剤で肺に溜まった水を取り除きます。長期の治療が必要です。急性肺水腫では、死亡する場合もありますので注意が必要です。あまりひどい場合は、エコー検査をしながら液体を抜きます。その場合は、犬にストレスにならないよう酸素をかけながら行います。

慢性関節リウマチ

リウマチがもととなる関節炎です。人間と同様、進行すると関節が変形します。

症状▼膝や中手指によく現れます。熱を出したり、関節がこわばったりします。また歩くと痛みを伴います。

治療▼鎮痛剤や抗リウマチ剤の服用で痛みをやわらげます。肥満傾向の犬は、体重を減らします。放置すると周辺組織にまで害が及ぶので、早期発見、早期治療が必須です。

膀胱炎

泌尿器が細菌感染して起こる病気です。尿道結石から引き起こされるケースもあります。

症状▼病気が進行するにつれ、オシッコの量や回数が多い、熱を出すなどの症状が現れます。血尿が出ることもあります。ただし、同様の症状が膀胱ガンの場合にも見られますので、右記の症状が出たら、ただちに動物病院で診てもらいましょう。

治療▼膀胱炎の場合は、基本的に抗生物質を服用します。長期にわたる治療で完治させます。

Column

しっくりこないなら

セカンドオピニオン

病気になって主治医に連れて行ったところ、「手術が必要」とか「一生投薬」と言われたとします。子犬のころから診てもらっているので、信頼していないわけではないけれども、治りが悪かったりするとしっくりこないこともあります。そんな時、他の獣医師の意見を聞くのも1つの方法です。セカンドオピニオンです。複数の獣医師に尋ねても不都合はありません。

ただし現実問題として、初めての犬をいきなり連れて行って、セカンドオピニオンを受けたいと言っても嫌がる獣医師がいるのは確かです。医師は意見だけではなく、治療までしたいと思うものだからです。

まずは、前もって電話をかけて、治療について助言をもらえるかどうかを尋ねてみましょう。承諾をとって、比較的空いている時間帯を聞いて連れて行きます。その時に、血液検査の結果、もらえればレントゲンの結果、そして、投与されている薬の内容など、たくさんのデータや今までの経過がわかった方がスムースです。

獣医学は飛躍的に進歩しており、治療方針に幅はあっても、方向性はそう変わらないと思います。

セカンドオピニオンを受けて、これからの治療方針を飼い主が考えるのは大変いいことです。複数の意見を聞くことで、気持ちのぶれがなくなり、愛犬の治療に専念できると思います。納得のいくセカンドオピニオンが受けられた場合は、主治医を変えるのも1つの方法です。

4章

毎日の老犬生活はここに注意

老犬になると日常生活も若いころと
同じというわけにはいきません。
食事内容や与え方、
運動の方法や暮らす環境など、
気をつけるべき点はさまざまです。
老犬が快適に日々を暮らせるよう
工夫してあげましょう。

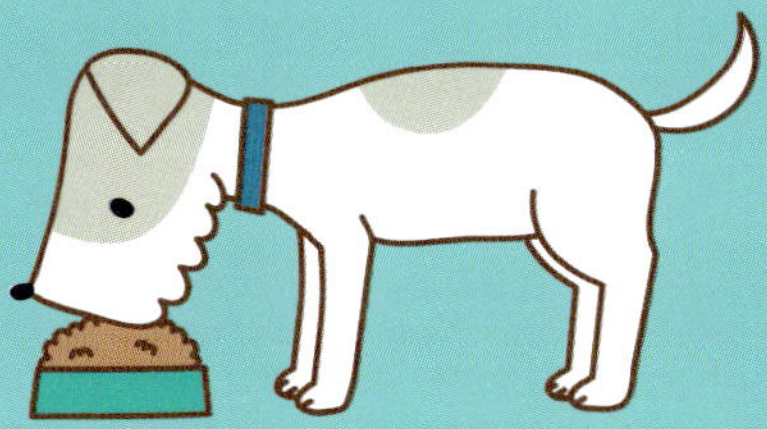

日常生活の注意点

ステージに合った食事を

肥満・シニア・寝たきりなどで異なってきます

5歳以降のご飯の与え方

5歳のころの健康診断で、別に異常がなくても、シニアになることは、確実です。

シニアに入って、若いころと同じフードを与えているとよくありません。年をとってくると消化器も衰えてくるので、ウンチが柔らかくなります。若い時に比べて、ウンチの後、肛門の周りが汚れる場合は、そのフードがその犬の年齢のステージに合っていないことを表しています。

▼どんなフードがいいの?

以下の点を考えたフードを与えましょう。

❶関節

シニア期になると、程度の差はあれ、関節疾患が増えます。なめらかに関節を動かすために、**グルコサミン、コンドロイチン**が含まれているフードにすると健康的な軟骨になります。

❷皮膚、被毛の維持

必須脂肪酸である**オメガ6脂肪酸**と、**オメガ3脂肪酸**が適切な比率で入っているフードを与えると、比較的なめらかな被毛を保つことができま

［部位別体に効く成分］

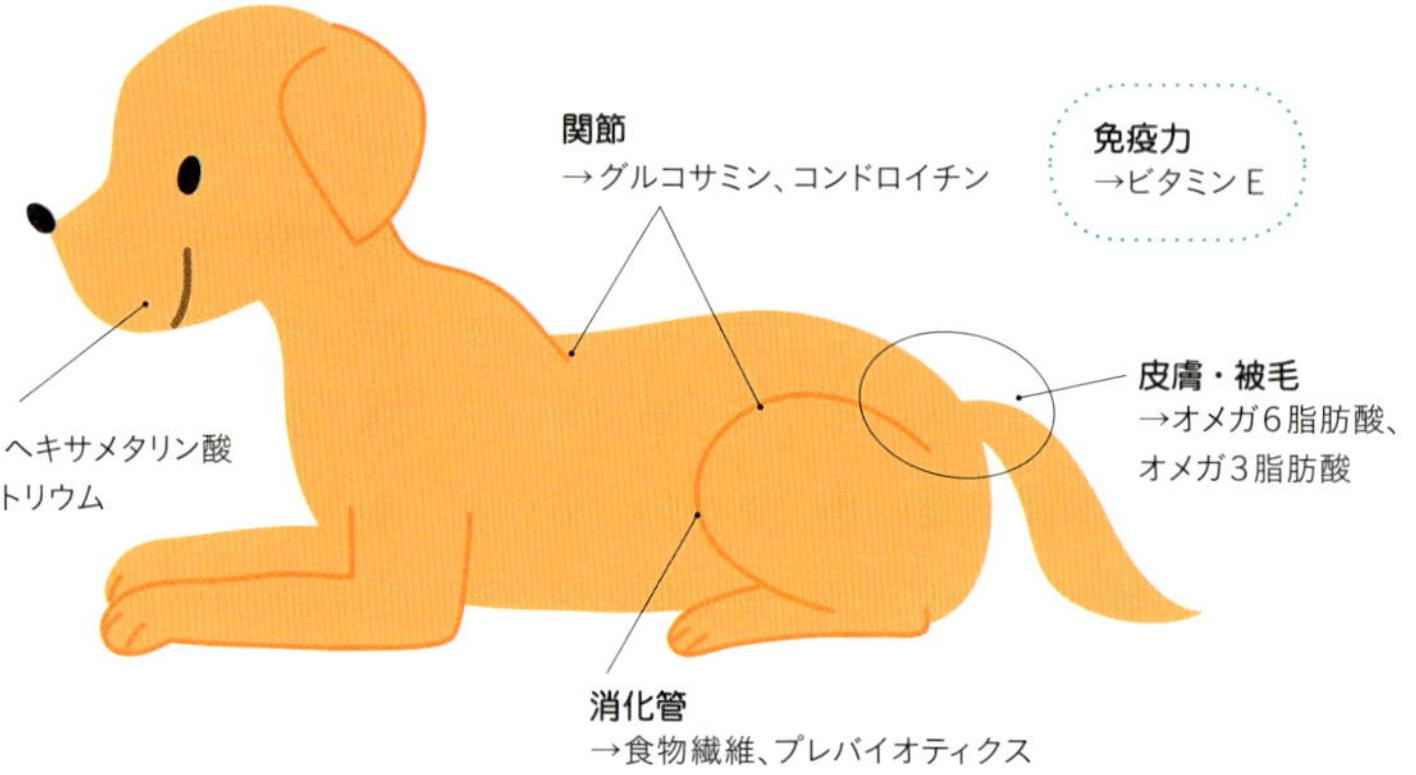

す。

❸免疫力の維持

加齢とともに免疫力は落ちます。抗酸化物質であるビタミンEなどを配合することで、免疫力を維持できます。

❹消化管の健康

腸内免疫という言葉があるように、腸内が健康だと免疫力も上がり病気になりにくくなります。そのためには、ビートパルプなどの食物繊維、オリゴ糖などのプレバイオティクスを与えるといいです。

❺歯の健康

加齢に伴い、どうしても歯垢、歯石がつきやすくなります。ヘキサメタリン酸ナトリウムが配合されていると、歯垢、歯石を防げます。

▼▼必要なカロリー・栄養素は？

❶カロリー

老犬になると肥満傾向の犬が多いので、シニア犬用のフードはカロリー控えめになっています。メンテナンスのフードを同じ量与えるよりは、カロリーが抑えられます。

自分の犬が肥満傾向にある場合は、低カロリーフードで問題ないのですが、もし、痩せてきたかも？と感じ始めたら、シニア用のフードが合っていない可能性があります。かかりつけの獣医師と相談してください。

point

◆プレバイオティクスとプロバイオティクスの違い

・プレバイオティクスとは？

腸の中の善玉菌を増やすためのものです。摂取することで、コレステロールを下げたり、感染症の予防、アレルギー予防、免疫賦活、下痢、便秘が改善される、白毛を減少させるなどの作用があります。

「成分」主にビートパルプなどの食物繊維、オリゴ糖

・プロバイオティクスとは？

注意していただきたいのは、同じような作用であるプロバイオティクスです。こちらは、ビフィズス菌のような、いわゆる生菌を摂取して、腸内細菌をよくしようとするもので犬にとって効果があるかどうかは、現時点ではまだよくわかっていません（2011年現在）。

人間には効果がありますが、犬に人間と同じものをあげても、腸まで届かなかったり、数が少なく過ぎたりします。そのため、プロバイオティクスのサプリメントが犬にも何の作用もしていないこともあります。

「成分」主に生菌、ビフィズス菌、乳酸菌など

❷繊維質

老犬のフードに繊維質が必要なのにはしっかりとした理由があります。

それは、老犬になると、便秘がちになるからです。健康で若い時は、散歩に行く度にウンチをします。1回もウンチをしていない日はほとんどなかったと思います。犬は、便秘にはなりにくいものなのです。

ところが、年を重ねると、ウンチが出にくくなります。腸の運動（蠕動《ぜんどう》運動）が弱くなるからです（腸も平滑筋という筋肉なので、筋力が衰えるのです）。それに加え、肛門の周りの肛門括約筋が衰えてくるため、力めず、出にくいのです。

繊維質の多いフードを食べると、ウンチが気持ちよく出て代謝がよくなります。ですから、オヤツとして白菜、キャベツ、ブロッコリーの芯などを与えるのは、よいことです。

ただし、下痢をしている時、ウンチのゆるい時は、繊維質はやめておいてください。余計に下痢が治らなくなります。

❸ナトリウム

犬の食欲が落ちてくると、どうしても味のついているものを与えたくなります。最近は、室内飼いが増えているので、犬も飼い主が食べているものを欲しがります。ですが、犬に味つけは必要ありません。人間が食べている、味のついたものを与えると、腎臓や心臓が悪くなるので注意が必要です。

例えば5キロのミニチュア・ダックスフンドに1本のウインナーソーセージを与えたら、人間に換算すれば、10本を食べたことになります（体重が人間の10分の1なので、そのような計算になります）。

飼い主からすれば、ほんの少量のつもりでも、たくさんナトリウム（塩分）を摂ったことになるのは、理解いただけるでしょうか。

人間には少しの塩分でも、犬にとっては大量摂取になるということをよく理解してください。

持病がある場合は

病気が見つかった場合は、獣医師と相談し、その子にあったフードに切り替えることで、進行を遅らせることができます。

病気だからと放置しないで、愛犬の慢性疾患と闘いましょう。処方食に変えるだけで、状態が変わることがあるのです。

肥満犬へのご飯の与え方

愛犬の食べている姿は、まさに至福に見えるのに、犬の肥満の心配が必要でしょうか。確かにちょっと太っている方が、ぬいぐるみのようで可愛いと思うかもしれません。

しかし、肥満は人間と同じく万病のもとです。肥満になると、

＊心臓病
＊関節炎
＊肝臓病

などの病気が多くなります。

どの犬も太りやすいというわけではありません。肥満になりやすい犬種があります。

代表的なのが以下の犬種です。

＊ラブラドール・レトリーバー
＊ゴールデン・レトリーバー
＊ダックスフンド
＊ウェルシュ・コーギー・ペンブローク

▼どうなると肥満？

犬種別、理想の体重といわれても、例えば骨格の大きなチワワなどの例もありますので、一概にこの体重でなければいけないということはありません。自分の犬が肥満傾向かどうかはある程度個別の判断が必要です。

ただし、一般的にいえるのは、

＊生後12か月ぐらいの体重が理想的な体重である。
＊オスの方が大きくなる。

ということです。

＊肥満の判断

	理想的な状態	肥満の状態
肋骨	わずかに脂肪に覆われ触知できる。	脂肪に覆われ触知が困難。
腹部	適度な腰のくびれがあり、腹部はごく薄い脂肪層に覆われる。	腰のくびれはほとんどなく、腹部は丸みを帯び中程度の脂肪に覆われる。
シッポ	腰椎から尾椎へと、シッポがつながっているが、その骨が、浮きだってなく、筋肉がついている。	腰椎から尾椎へと、シッポがつながっているが、その骨がよくわからず、ころころとしている。

ダイエットの方法

▼フード

まずは、フードをカロリーの低いフードに変えます。低カロリーフードならカロリーが少ないだけで、例えばカルシウム等ミネラル類、微量元素やビタミン類などは必要な量は入っているのです。

一般のフードの量をただ減らすのは間違いです。そうすれば、カロリーだけではなく、ミネラル等必要な栄養素の不足なども招きますので、注意してください。

▼食事の回数

1日3回以上が望ましいです。少量を頻繁に与えると、もらう回数が増えて、犬は喜びます。回数は増やしても、総量は増やさないのがポイントです。

▼おやつ

本当は与えないのが望ましいのですが、楽しみにしていたおやつをもらえないのは、犬にとってもかわいそうです。ただし市販のおやつではなく、ゆでた大豆、ブロッコリーの芯、キュウリ、キャベツ、白菜、人参などの野菜を中心に与えましょう（与えてはいけない野菜に注意してください→107ページ）。野菜は繊維質が多いので、満腹感も与えられます。

▼体重の測定

1週間に1度は測定して、8週間で理想の体重にしてください。

▼注意点

こうした方法を試しても体重があまり落ちない場合は、動物病院に行って相談してください。

単なる肥満ではなく、ガン、糖尿病、フィラリア症などを発症しているケースもあります。

point

◆犬の肥満は飼い主の責任

犬は自分で低カロリーのドッグフードを買いに行くわけにはいきません。逆にコンビニでジャンクフードを買い漁るということもしないのです。飼い主が与えているものが肥満の原因です。

病気でない限り、犬の肥満は100%飼い主の責任です。

肥満の時の運動

人間の肥満の解消には食事管理＋運動が効果的です。

だからといって、肥満の犬に無理に運動させるのはやめてください。心臓や関節に負担がかかることになり危険です。

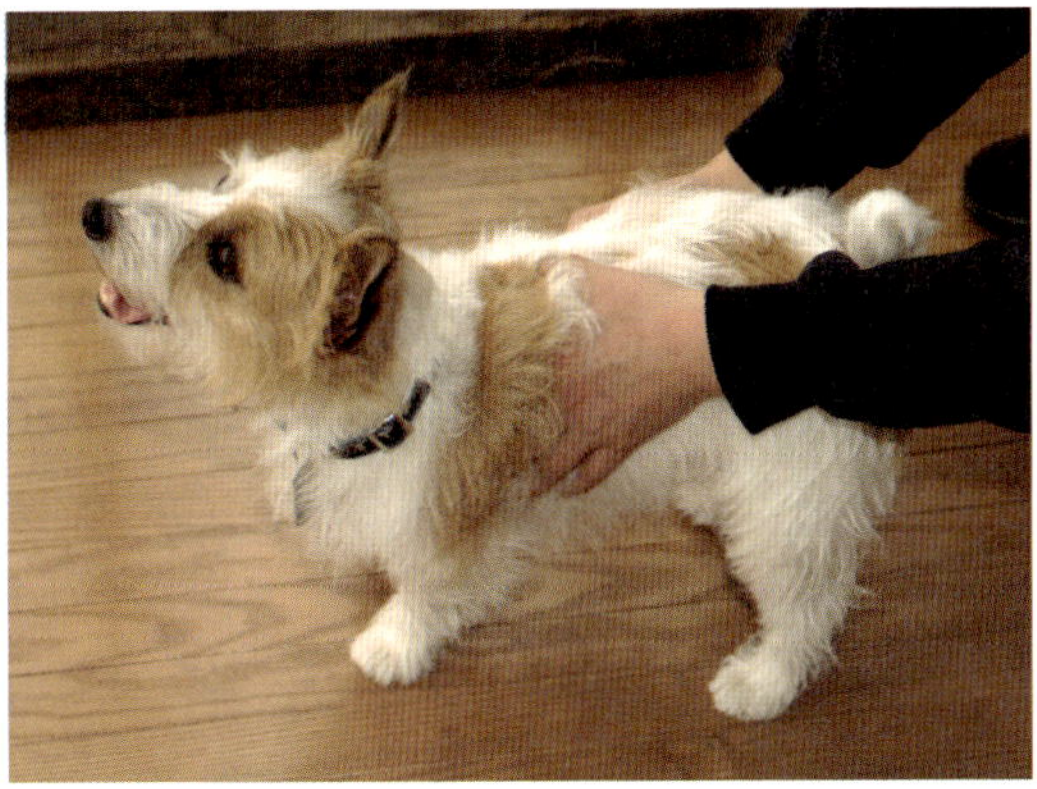

手で肋骨が触れないようだと、肥満の疑いが。

運動は犬のペースに合わせて、ゆっくり行うことが理想的です。散歩にこだわらなくても室内でおもちゃで遊ぶという程度でいいのです。

運動だけで体重を落とすのは、犬の場合無理と考えてください。基本は食事管理です。

正しく与えれば効果的

サプリメント

間違ったサプリメントを与えると、体を壊したり、食欲不振になるので、注意してください。サプリメントだけでお腹がいっぱいになる犬もいます。

プレビオ Q（Meiji Seika ファルマ株式会社）プレバイオティクスとして、有用菌を増やして腸内細菌等を正常化する。動物病院で購入できる。

＊代表的なサプリメントの成分

ガン	免疫を高めるといわれているものが成分に入っています。 成分▶姫マツタケ、花ビラタケ、AHCC、アガリクス茸など
関節炎	関節の動きをスムーズにするエキスなどが入っています。 成分▶緑イ貝、グルコサミン、コンドロイチン
心臓疾患	心臓の筋肉などを強める作用があります。 成分▶心臓エキス、タウリン、コエンザイムQ10
認知症	脳の細胞膜を作る成分が入っています。セロトニン、アドレナリン、ドーパミンなどの伝達物質は細胞膜で運ばれますが、これが不足するとうつ病になったり脳が活性化しなかったりします。 成分▶DHA、EPA、不飽和脂肪酸（オメガ6脂肪酸、オメガ3脂肪酸）

＊新しいサプリメント

腸内細菌	プレバイオティクスであるオリゴ糖、食物繊維（→95ページ）

犬の理想体重

主な犬種の理想体重を書いていますので、参考にしてください。

大型犬の理想体重

犬種	理想体重（kg）
セント・バーナード Saint Bernard	68～82
グレート・デーン Great Dane	52～66
グレート・ピレニーズ Great Pyrenees	41～57
ニューファンドランド Newfoundland	50～69
ドーベルマン Doberman	32
バーニーズ・マウンテン・ドッグ Bernese Mountain Dog	30
ボクサー Boxer	20～30
マスティフ Mastiff	77～89
ロットワイラー Rottweiler	32～45
オールド・イングリッシュ・シープドッグ Old English Sheepdog	30
ジャーマン・シェパード・ドッグ German Shepherd dog	27～39
ラフ・コリー Rough Collie	23～34
ビアデット・コリー Bearded Collie	25
エアデール・テリア Airedale Terrier	20～29
秋田 Akita	38～45
アラスカン・マラミュート Alaskan Malamute	34～39
シベリアン・ハスキー Siberian Husky	20～27
チャウ・チャウ Chow Chow	18～26
北海道 Hokkaido	18～22
ブラッドハウンド Bloodhound	36～50
アイリッシュ・セター Irish Setter	25～32
イングリッシュ・セター English Setter	30
イングリッシュ・ポインター English Pointer	25～30
ラブラドール・レトリーバー Labrador Retriever	25～34
ゴールデン・レトリーバー Golden Retriever	27～34
フラットコーテッド・レトリーバー Flat-coated Retriever	25～34
ダルメシアン Dolmatian	20～25
アフガン・ハウンド Afghan Hound	23～27
グレーハウンド Greyhound	54～（オス）、45～（メス）
サルーキ Saluki	23
ボルゾイ Borzoi	40

バーニーズ・マウンテン・ドッグ

ゴールデン・レトリーバー

中型犬の理想体重

犬種	理想体重（kg）
ウェルシュ・コーギー・ペンブローク Welsh Corgi Pembroke	8～10
シェットランド・シープドック（シェルティ） Shetland Sheepdog	7～12
ボーダー・コリー Border Collie	14～22
ブルドッグ Bulldog	20～25
フレンチ・ブルドック French Bulldog	8～13
ウエスト・ハイランド・ホワイト・テリア（ウェスティ） West Highland White Terrier	7～8
スコティッシュ・テリア Scottish Terrier	8～10
ブル・テリア Bull Terrier	20
ワイヤー・フォックス・テリア Wire Fox Terrier	7～8
甲斐 Kai	10～18
サモエド Samoyed	25
柴 Shiba	7～11
バセット・ハウンド Basset Hound	20～25
ビーグル Beagle	10
アメリカン・コッカー・スパニエル American Cocker Spaniel	11
キャバリア・キング・チャールズ・スパニエル Cavalier King Charles Spaniel	4～7

フレンチ・ブルドッグ

柴

小型犬の理想体重

犬種	理想体重（kg）
チワワ Chihuahua	1～3
マルチーズ Maltese	2～3
ヨークシャー・テリア Yorkshire Terrier	2～3
ジャック・ラッセル・テリア Jack Russell Terrier	5～6
ケアーン・テリア Cairn Terrier	6～7
ミニチュア・ダックスフンド Miniature Dachshund	5
ミニチュア・シュナウザー Miniature Schnauzer	4～8
ポメラニアン Pomeranian	2～3
シー・ズー Shih Tzu	4～7
狆 Chin	5
パグ Pug	6.3～8.5
パピヨン Papillon	5
ビション・フリーゼ Bichon Frise	5
トイ・プードル Toy Poodle	2～3
ペキニーズ Pekingese	3～7
ボストン・テリア Boston Terrier	7

ミニチュア・シュナウザー

ボストン・テリア

寝たきりの犬へのご飯の与え方

犬も高齢化の時代に突入し、寝たきりになるケースも少なくありません。寝たきりになると、自分の意志ではどこにも行けません。つまり水飲み場にも行けなくなる状態に陥ります。初めは、前足だけを動かして、水を飲みに行ったりしますが、それもできなくなって、顔や目を動かすだけという状態になります。

このように、寝たきりになると水分をとるのが難しくなり、嚥下《えんげ》反射も鈍くなるので、水分の多い食べ物が適しています。水分だけだと肺に入って誤《ご》嚥《えん》性肺炎を起こす危険性があるため、どろりとしたとろみのある流動食やふやかしたフードを与えます。

▼▼与え方のポイント

＊ふやかしたフードや流動食を口に入れてあげる。

＊喉につまらないように、少しずつ。

＊舌のすぐ先におくと吐き出すので、なるべく舌の根元に。

＊口の開け方　噛まれる危険性があり、口が開けられない場合は、犬歯（一番とがっている歯）の少し後ろの、歯がない部分を皮膚ごと巻き込むように持つ。そして、口を開けて入れる。

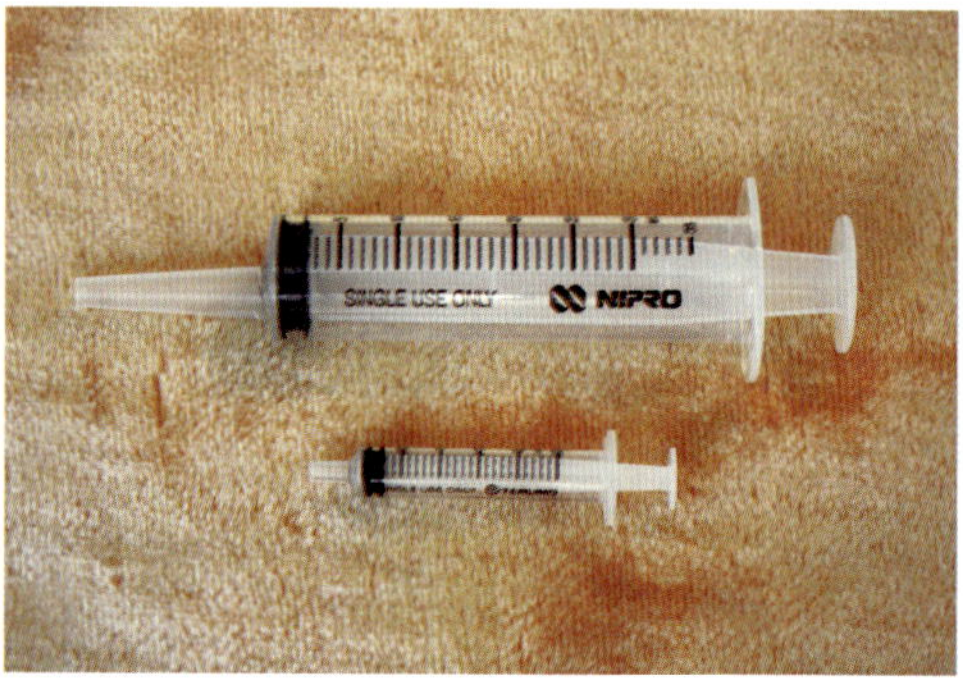

注射器は犬の大きさに合ったものを動物病院で用意してもらおう。

point

◆どんな流動食をあげればいいの？

流動食といっても何を与えていいか、わからないと思います。寝たきりになると犬は自分で食べることができないので、高カロリーのものを与えることになるのです。もちろん、野菜などはなるべくやめて、少し食べさせるだけで吸収のいいものにしてください。動物病院にいけば、流動食に当たる処方食があるので、それを与えるのが、いちばん簡単で安心です。ヒルズのa／dという商品が嗜好性もよく食べさせやすいです。

▼▼飼い主が用心深い、犬が凶暴な場合

口を開けさせるなんて、とてもでき

ないという人には、もっとソフトな方法を紹介しましょう。

＊犬歯の後ろのところに注射器かスポイドを入れて、流動食・液体を注ぎ込む。できればプラスチックの５ccの注射器がよい。

プラスチックの注射器は、動物病院でわけてくれるはずです。注射器は少しぐらい犬が噛んでも食いちぎられることがありません。歯型がつく程度で終わります。スポイトだと、噛みちぎられることがあります。

流動食を注射器で与えていると注射器の先が細いので、つまることがあります。先をカットして使うと、スムーズにフードを与えることができます。今は、給餌用の注射器も売り出されています。

▼流動食を手作りする

病院でもらった缶詰などは食べないし、何か作りたいという人は、チキンを煮込んでスープにしたり、魚を煮込んでみてください。それをゼラチンや寒天で固めて、ストックしておくと便利です。その寒天を舌の上に乗せると、体温で寒天が溶け出すので、飲み込むのに苦労がいりません。スープを寒天で固めた場合は、サイコロ状に切って、食べさせると犬も比較的食べやすくなります。

＊フードの与え方

犬歯の後ろに注射器を入れて注ぎ込む。

繊維質の多い海藻や野菜をみじん切りにして寒天で固めると食べやすい。

▼▼便秘が続く場合の食事内容

　繊維質の多いものを食べさせます。海藻類を細かく刻んだり、キャベツ、白菜、にんじんなどを一度ゆでて、それをみじん切りにすると、ウンチが出やすくなります。そのまま、食べさせることが無理な場合は、寒天やゼラチンで固めて与えてください。

▼▼食事の回数

　動き回って元気な時は、日に2回ぐらい与えるのが、一般的です。ただし、寝たきりになったら1回の量を減らし、回数は、1日に数回に増やしてください。少しずつ何回も与える方が、体の負担が少ないのです。消化器の働きがゆっくりになっているので、少しずつ与えることで、消化不良を起こす心配がありません。あまり食べなくなってきたら、日に10回以上に分けて与えてもいいです。

▼▼犬の姿勢

　顔だけでも起こすことができる犬なら、食事を与える時に、壁などにもたれかけさせて、座らせて与えた方が安心です。そのようにすると、気管に入る誤飲の事故も減ります。寝たきりの犬は、食事の時に起こすことで、床ずれの予防にもなります。

point

◆食べ物の温度

案外知られていないのが、食べ物の温度。人肌、つまり36度から37度ぐらいにして与えると風味も出て、食欲も出るようです。少量の流動食を温めるのは難しいので、チョコレートを溶かすように湯煎するのが、一番いいでしょう。

▼▼顔や口の周りの世話

　寝たきりになるような犬は、免疫力が弱まっていて、それでなくても、目ヤニが出やすい状態です。食事を与えているとどうしても顔に流動食などがついてしまうことがあります。目の周りをこまめにふいてあげましょう。

　また、どうしても口の中が不潔にな

ります。元気な時は、自分で好きなように水を飲みに行き、口の中にものを残さないようにしていましたが、そうすることができないからです。

食事を食べ終わった後は、ガーゼで歯を拭いてやるか、水を飲ませて、口の中に食べ物を残さないようにしてください。加齢に伴い、口内炎にもかかりやすくなっているので、口の中、口の周りの世話はしっかりしましょう。

▼水の飲ませ方

食事の後には、水も飲ませてください。犬の体重1キロあたり50ccぐらいの水は必要です。もっとも、寝たきりになって与える食事は、流動食などの水分の多いものなので、若い時よりは、少なくてかまいません。

水の飲ませ方ですが、動物病院で20ccか50ccの注射器をもらって、それで舌の上に、ポトポトと落とす感じで、与えます。気管に入ると危険なので決して、ザーッと流し込まないでください。

▼飲み込むことができなくなったら

犬も死期が近づいてくると、舌も動かせなくなります。

口の中にものを入れても、飲み込めません。喉が渇くのはかわいそうなので、口に何かを含ませてあげてください。ガーゼを湯で湿らせて、そっと舌の上に乗せるのもいいです。

外来犬の場合は、牛乳でもいいです。

日本犬の場合は、煮干しでだしを取ったものがいいです。牛乳を与えると、下痢をする心配があるので避けましょう。

✻水の与え方

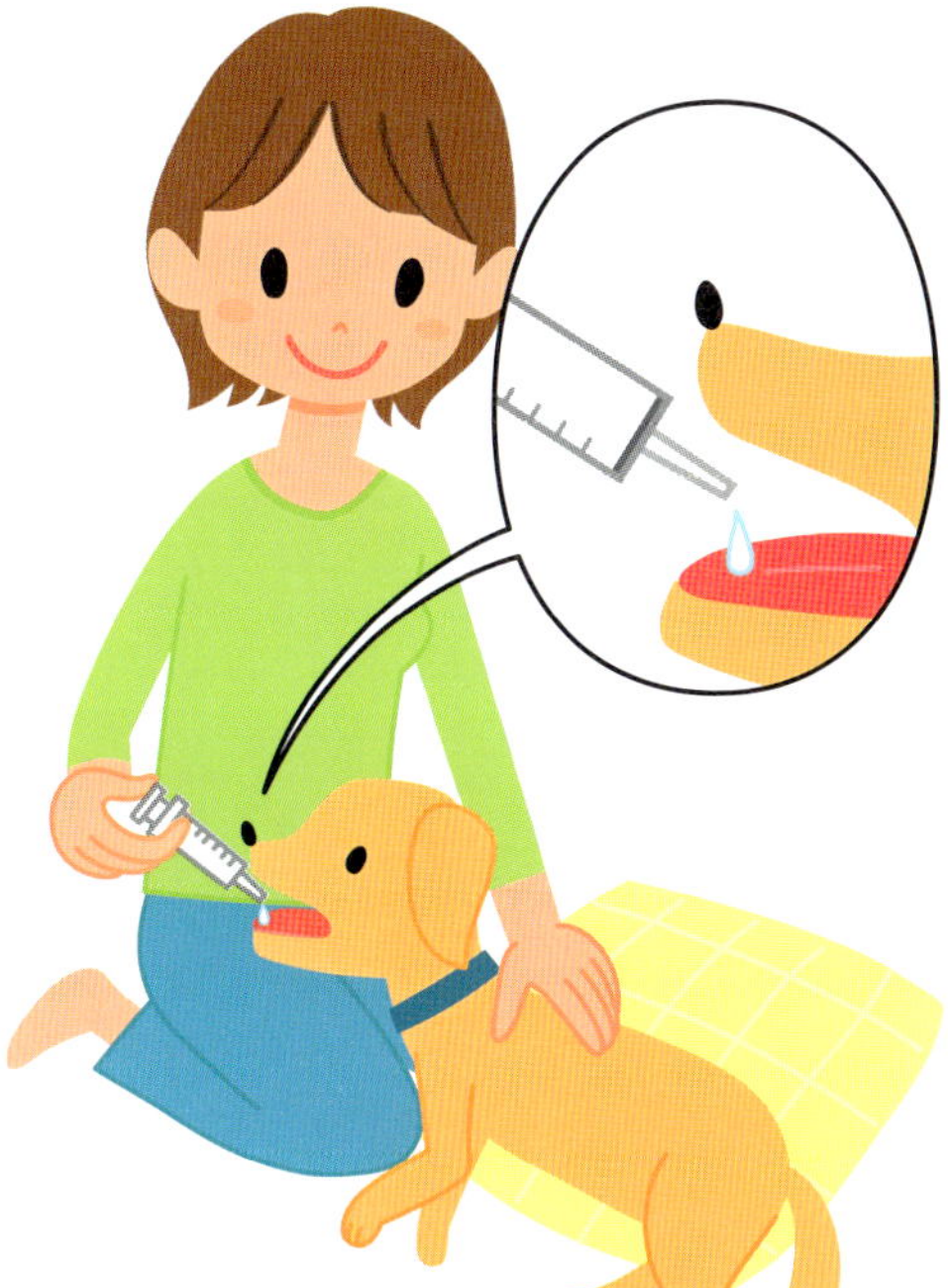

一気に流し込まず舌に
ポトポト落とす感じで。

Column

手作りフード

栄養管理に注意が必要

愛犬に、添加物の入っていない安心な手作り食を与えたいという気持ちはよくわかります。

自分が材料を買って調理するので、どんなものが入っているか把握できるのが利点です。そして、自分が作ったものを、愛犬が喜んで食べてくれるという満足感もあります。

注意点としてあげられるのは、犬の栄養学は、人間と同じではないということです。ましてや腎臓病、心臓病、肝臓病などになれば、食事も変化してきます。犬の年齢によっても違います。つまり、ビタミンやアミノ酸の必要量も違ってくるのです。

だから、毎日、手作り食で愛犬の栄養管理をするのは、大変難しいのです。犬だから、生肉を与えていれば大丈夫というのは間違いです。犬は雑食なので、いろんな栄養素（タンパク質、炭水化物、ビタミン・ミネラル、脂質等）が必要です。また、手作り食以外食べられないようだと、緊急時に困ります。

その他犬に与えてはいけない食べ物もあるので、頭に入れておきましょう。

生肉や生魚その他を与える場合の注意点

生肉や生魚は、寄生虫や細菌性が含まれていることが多くあります。そのため、加熱調理したものを与える方が安全性が高まります。

またほうれん草には、シュウ酸が多く含まれています（シュウ酸塩が結石の原因になる）。与える時は、ゆでてアク抜きをすることで、シュウ酸の量を減らすことができます。

◎与えてはいけない食べ物

・ねぎ類（玉ねぎ、長ねぎ、ニラ等）▼溶血性貧血になる

・キシリトールのガム▼低血糖になる

・ブドウ▼腎不全になる

・香辛料▼刺激が強いので下痢症状を引き起こすことがある

・鳥の骨▼消化器管にささる

・チョコレート▼カカオに含まれるテオブロミンで中毒症状を起こす

・カツオ節▼結石ができやすい

・エビ・イカ▼消化不良を起こす

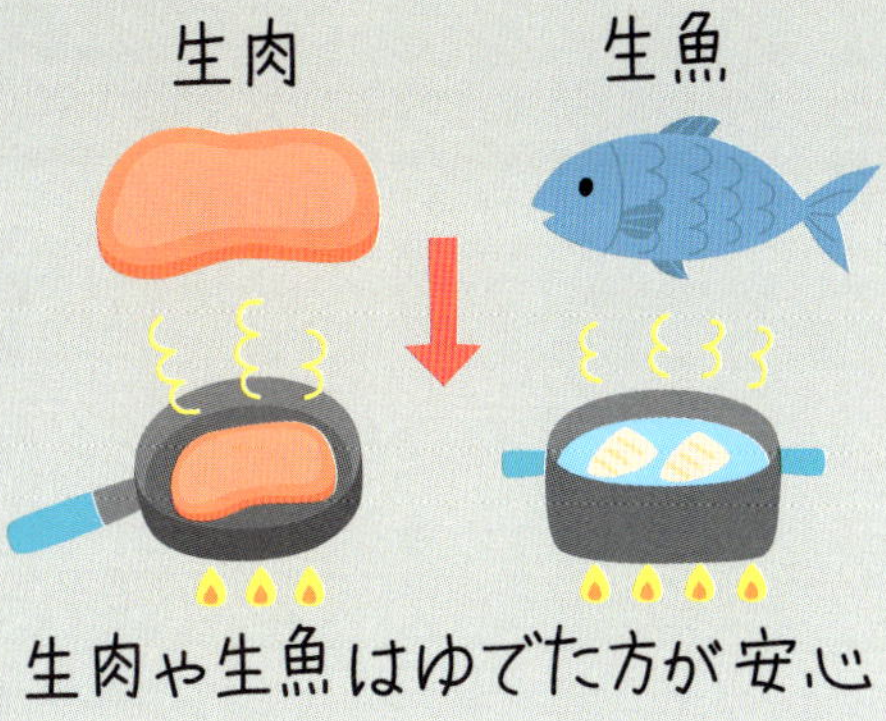

日常生活の注意点

夜鳴きはほっておかない

若いころの鳴き声とは全く違う

老犬の夜鳴きは若いころの鳴き声とは全く違います。今まで聞いたことがない声で鳴き続けます。

次ページのイラストのような症状が、老犬の夜鳴きの特徴です。

犬の頭の回路がスムーズに動かなくなったり、神経の伝達物質の分泌状態が狂ってくるので、このようなことが起こるのです。加齢による1つの病気です。

夜鳴きの症状が出たら、薬を処方してもらうことをおすすめします。

今や犬は家族の一員。その犬が、夜中に鳴き通して起きているようでは、飼い主は健康な日常が営めなくなります。そのためには、薬の処方は当然のことです。

薬を飲ませてまで寝かせるのは、犬に対して申し訳ないと思うかもしれませんが、飼い主が健康でなければ犬の面倒も満足に見られません。

かかりつけの動物病院に行き、薬をもらいましょう。

治療

▼夜鳴きの薬を与える

夜鳴きの原因がはっきりしない場合は、抗うつ剤などの薬を処方することもあります。寒さ、空腹などで鳴く場合は、部屋を温かくしたり、寝る前に少し食事を与えたりすると、夜鳴きしない場合もありますが、そのようなケースはまれです。

自分だけ残されることで、不安を覚えることを動物行動学用語で「分離不安」といいますが、そのような場合でも薬を処方している時代です。精神的な薬を処方するのは今や普通です。

薬を飲ませているのに、夜鳴きが止まらない場合ももちろんあります。そのような場合は、動物病院に1日預け

＊夜鳴きの種類

夜になると吠え始める。

低くうなるような声を出す。

外の物音とは無関係に吠える。

3時間以上吠え続ける。

1か月以上続くケースもある。

昼間は寝ていてあまり吠えない。

✻主な薬の種類

抗うつ剤	塩酸クロミプラミン（商品名アナフラニール）
抗精神薬	塩酸クロルプロマジン（商品名コントミン、ウインタミン）
抗てんかん薬	フェノバルビタール（商品名フェノバール） ジアゼパム（商品名セルシン）

て、どの程度夜鳴きするのか観察してもらうといいでしょう。飼い主の口頭の説明よりも実際に見てもらうのがいちばんです。

もちろん料金はかかりますが、その間、飼い主がリフレッシュできるというメリットもあります。老犬の介護は、1日2日の単位では終わらないので、飼い主が、元気でリラックスしているというのも大切なことなのです。

主に上記のような種類の薬を使います。参考にしてみてください。

▼▼家でできる治療法

❶日光浴

太陽の光を浴びると、体内時計が正常に戻って夜に寝てくれることもあります。暑くない日は、昼間にひなたぼっこをさせるのもいいかもしれません。少し寒いような時は、窓越しに日光を当てるといいでしょう。

昼間は、起きていた方が生活のリズムがとれるので、寝ている愛犬を起こしてまではかわいそうと思わないことです。

❷運動をさせる

昼間は寝かせないで、外に連れ出しましょう。外には刺激が多いのでほどよく疲れるし、頭も使います。家の中は安全だとわかっているので、緊張感がなく寝てしまうのです。夜、起きて騒ぐエネルギーが残っていないので、寝てくれることもあります。なるべく1日1回は、外出しましょう。

❸頭を使わせる

オヤツを与える時も、頭を使うようにして与えるといいです。例えば、左手にオヤツを隠して、両手を出し、右

頭を使わせることも夜鳴き防止につながる。

手か左手かとをニオイで考えさせる、というようなことです。知育玩具の中にオヤツを入れて遊ばせるのも一つの手です。

　老犬だからといって何もさせないのはよくありません。諦めないで、適当に刺激を与え、夜は寝るように仕向けてみましょう。

point

◆夜鳴きはわがままではない

若い時は、聞き分けのいい犬だったから、今回の場合も大丈夫というのは、間違いです。言い聞かせようなどとは考えないでください。飼い主が睡眠不足になります。それが原因で、飼い主が病気にもなりかねないので、そのままにしておくのは、よくありません。

episode 1

40日間鳴き続け

室内飼いで、飼い主は2階、犬は1階と別々に寝ていました。ところが、夜になると鳴き始めるようになりました。寂しいのかなと思い、1階で一緒に寝ることにしましたが、それでも、全く鳴き止む気配がなく、40日間続いたそうです。これでは、飼い主が病気になってしまうと来院。薬を処方しました。それまでは、薬を飲ませることは、犬に悪いと思っていたようですが、認知症という病気なので、付き添って寝たところで治るものではないのです。

episode 2

近所からのクレームで初めて気づく

犬は広い屋敷で飼われていました。夜鳴きしていましたが、飼い主の寝室にまでは犬の鳴き声は聞こえてこないので、飼い主は放置していました。ところが、隣接している家の方から、留守番電話に苦情が吹き込まれていて慌てて来院。抗うつ剤を処方しました。

　こんな例は、どこの動物病院でも起こっている現象なのです。

日常生活の注意点

床ずれは予防できる

1度なってしまうと簡単には治りません

床ずれから細菌感染を起こすと危険です。

犬も人間と同じく、寝たきりになると床ずれができます。見たことのある人なら、この辺りがなりそうだとわかります。人間の床ずれとは違うので、知らない人が見るとびっくりするかもしれません。５００円玉２つ分ぐらいの床ずれができて、皮膚が腐り、筋肉や骨まで見えて、うみと血液成分が混じった侵出液が出ます。

マットやタオルを汚すことにもなるので、衛生的でもありません。床ずれを起こす前に予防しましょう。

床ずれの特徴

＊寝返りをうてない状態になった時に起こる。

＊骨が飛び出したところにできやすい。

＊皮膚に血液がなくなり皮膚が腐る（壊死）。

＊痩せている犬がなりやすい。

＊大型犬がなりやすい。

見た目は次のようになります。

＊初期のころは、毛がそこの部分だけ固まっている（侵出液が漏れ出してきているだけなのでわかりにくい）。

＊抑えるとブヨブヨしている。液体が溜まっている感じ（侵出液が溜まっている）。

＊よく見ると、皮膚が赤かったり、黒っぽかったりする。

その後、皮膚が腐って落ちるので、前触れもなしに床ずれになることはありません。犬は全身が毛で覆われているのですが、その毛の下の皮膚をよく観察していると、床ずれを予防することができます。

全身をくまなく見るのは難しいでしょうが、実は、床ずれは、全身にできるわけではありません。なりやすいところがあるのです。「骨が飛び出したところにできる」のです。

床ずれができやすいところ

＊こめかみ
＊肩甲骨
＊後ろ足の付け根（大腿骨の出ているところ）
＊膝、かかと

その辺りの皮膚を丹念に見ていると危なそうなところがわかってきます。一度大きな床ずれを作ってしまい、皮膚が腐ってなくなると、外科的な治療をしないとなかなか完治しません。

犬が床ずれになってしまうと、なかなか治らないのが現状です。自然に治ることはまずなく、床ずれの面積がだんだんと大きくなっていきます。

これは実話ですが、床ずれになったことを知らずに、外で飼われていた犬がいました。腐った皮膚の臭いに誘われて、ウジがそこに卵を産み付けました。やがて、床ずれは、ウジで一杯になり、そのうちウジが、皮膚、筋肉などに食いついたのです。そのような最悪の事態になる前に予防しましょう。

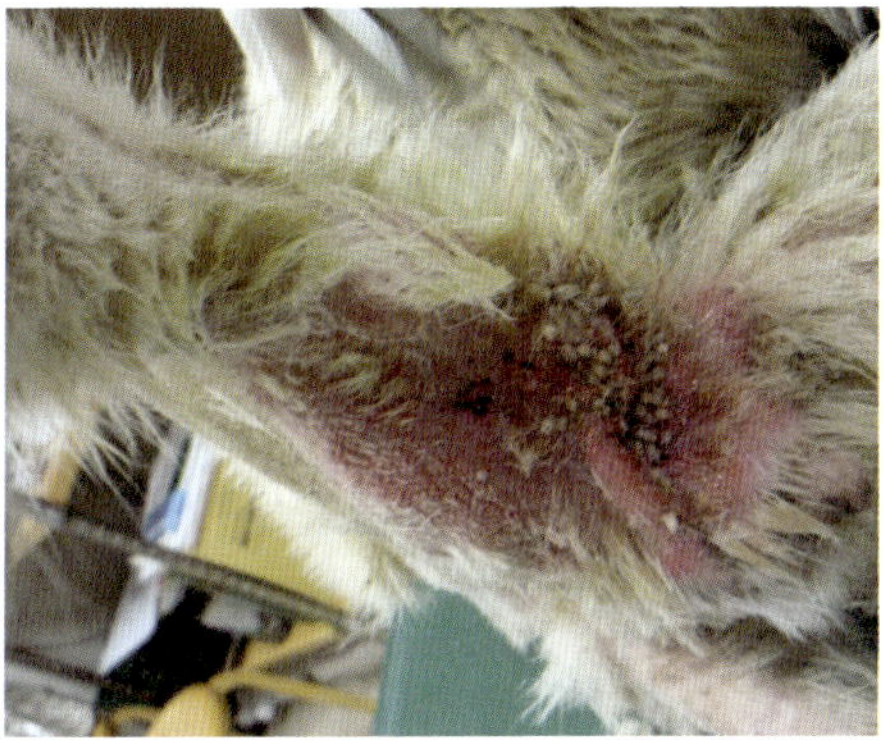
床ずれからウジが発生したケース。

［床ずれができやすいところ］

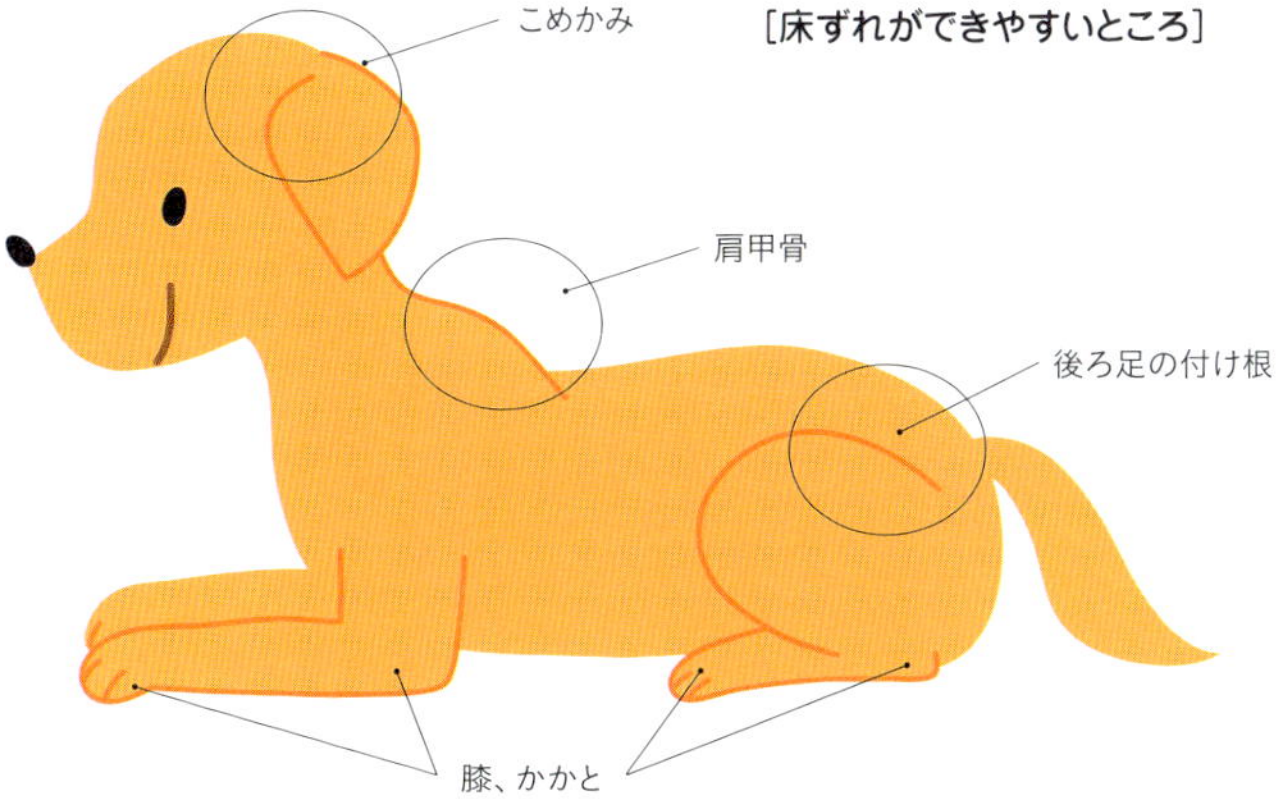

治療

▼▼床ずれが浅くて面積が狭い場合

腐った皮膚をほったらかしにしたまま再生を待っていてもダメです。

犬の床ずれは、ほとんどの場合が細菌感染を伴いますので、床ずれから、感染症になります。感染症を防ぐためにも、腐った（壊死した）皮膚を切り取り、縫ってもらってください。面積が狭い場合は、普通に縫合しただけでくっつきます。

▼▼床ずれが浅くて面積が広い場合

面積が広い場合は、縫合しても、なかなか傷口はくっつきません。糸がもたず、数日するとパサリと外れるのです。これは、老化に伴って皮膚に弾力性が乏しくなるからです。

その場合は、単純に縫合するだけでなく、マットレス縫合というものをいれて縫ってもらってください。そうすれば、張力がずいぶん強まります。

［マットレス縫合］

傷口にかかる張力が減り、裂けにくくなる。

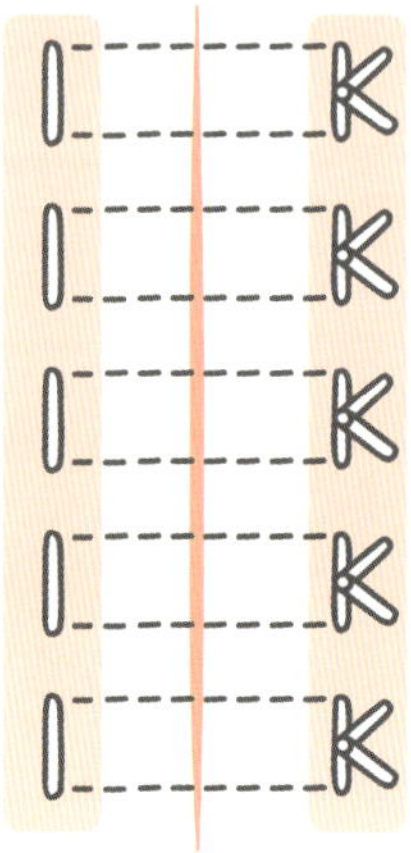

それでもダメな場合は、七夕の飾りネットのように、健康な皮膚のところにメスで裂け目を入れてください。そうすると、そこが、網のような役目をして、傷口にかかる張力が少なくなって、裂けにくくなります。

▼▼深い場合

傷が深いと骨膜《こつまく》が見えて、周りの皮下組織がなくなります。それで、余計に治癒に時間がかかります。その場合は、キチンキトサンという物質を入れると、治癒時間が早まります。これは、カニの甲羅から作られているもので、人工皮膚にもなります。

▼▼湿潤療法（ラップ法・うるおい療法）

外科的に手術をした傷をガーゼで覆うのが、今までの治療法でした。でも、最近では、ガーゼを置きっぱなしだと、そこに細菌が常駐することになるので、ガーゼの代わりにラップを使用します。ラップは水分を保つので、乾いてカサカサになったりしません。縫合したところを消毒して、ラップをしておくと、治癒が早くなると人間の場合もいわれています。

ラップ法は、以下が原則です。

❶消毒をしない。

❷水道水でよく洗う。
❸乾かさない。

家庭で行う場合は、

❶水道水で、よく洗い傷口を清潔にする。決して消毒しない。
❷軟膏などの抗生剤を塗る（なかったらワセリン）。
❸ラップを傷口より大き目に巻く。
❹1日1回は、❶から❸まで行う。夏は1日に2、3回行う。

＊参考資料『褥創治療の常識非常識』（鳥谷部俊一著、三輪書店）

▼▼抗生剤の内服

人間の場合は、感染症がない床ずれがあるようですが、犬の場合は、そうはいきません。床ずれがあれば、必ず細菌感染をして膿んできます。そのため、消毒をしたり、外用薬の軟膏の抗生剤で治療をしても、なかなか完治はしません。そういう時は、外用薬の軟膏だけではなく、薬を内服するか、注射で中から治していきましょう。

▼▼レーザー治療

床ずれは、血液が流れなくなって起こる病気です。それで、医療用のレーザーを当てることにより、血の流れがよくなって、早くよくなります。

予防

1度床ずれができてしまうと完治しにくいので、ならないにこしたことはありません。寝たきりになってしまった場合は、床ずれを起こさないように以下のことに注意してください。

▼▼向きをかえる

自分で寝返りが打てないので、4時間から6時間に1度、向きをかえてあげてください。老犬は、心臓も弱ってきています。そのために、あまり急に体位を変えるのもよくありません。ゆっくり行いましょう。

▼▼ベッドを手作りする

ウォーターベッドがいいといわれていますが高価です。かわりに梱包材のエアークッション（俗称プチプチ）を2枚か3枚重ねて、その上にタオル

エアークッションを重ねるとあたりが柔らかく床ずれしにくい。

ケットを敷くといいベッドになります。

▼▼低反発マットを使う

ウォーターベッドのかわりに低反発マットを購入して寝かせてあげるのもいいでしょう。人間用の大きな枕でも代用できます。

▼▼ペットシーツを敷く

寝たきりのまま、ウンチやオシッコを漏らしてしまう場合がありますので、洗濯しにくいものの上には、ビニールを敷きましょう。

その上に、ペットシーツを敷いておくと、こまめに取りかえることができて、衛生的です。

▼▼ドーナツクッションを作る

エアークッションの上で寝かせていても、やはり、床ずれになりやすいところはなってしまいます。それで、床ずれになりやすい部分には、ドーナツクッションを当てておくと、床ずれを予防することができます。人間用、動物用に、介護のドーナツクッションが売っていますので、それを使うのもいいです。

ただ、犬の大きさによっては使い勝手が悪いことがありますので、自分で手作りすることをおすすめします。

膝やかかと、こめかみなど、床ずれのできやすいところにドーナツクッションを当てておくと予防になる。

▼▼ドーナツクッションの作り方

＊ハンドタオル、スポーツタオルを用意します。

＊用意したタオル類を1本の棒になるように、ねじります。

＊ねじった端をくくればドーナツクッションのできあがりです。

オシッコやウンチがつくことが多いので、ドーナツクッションにラップをまいておくと、汚れがしみなくていいです。少しの汚れならラップの交換だけですみます。

▼▼マッサージ

寝たきりになると、どうしても血流やリンパの流れが悪くなります。放置しておくと、余計に傷の治りが悪いので、心臓に向かって前肢、後肢をマッサージしてあげましょう。下から上に向かってやるとだいぶん違います。

ドーナツクッションの作り方

1 ハンドタオルやスポーツタオルを用意する。

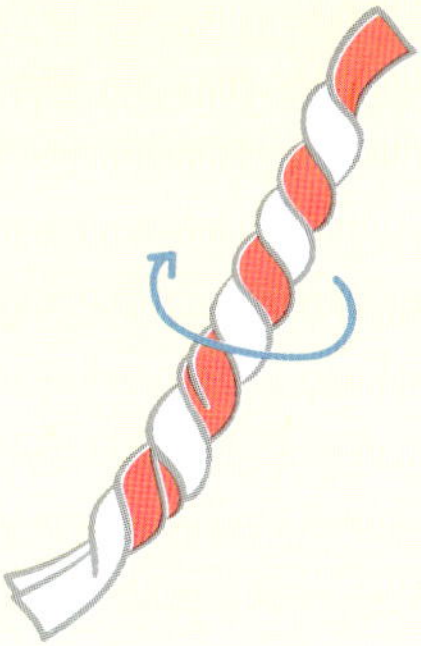

2 1本の棒になるようにねじる。

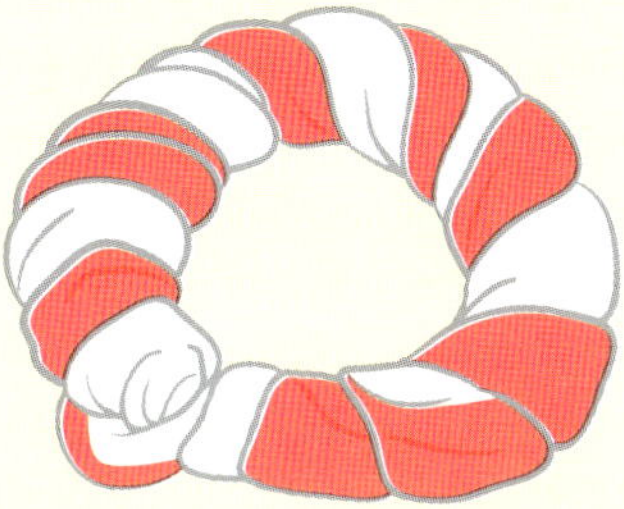

3 ねじった端をくくる。

ドーナツクッションはラップをまいておくと汚れた時に便利。

前肢、後肢がどうしてもむくんでくるので、犬の嫌がらない程度にゆっくりと少し力強くやってあげると効果的です。

マッサージしていると常に愛犬の体に触れるので、体調の変化にも気づきやすくなります。

前肢や後肢を触ってみて、極端に冷たいのはよくないです。臨床的に見て死期が近いかもしれません。気をつけて見てあげてください。

タオルを少し熱い湯につけて軽く絞り、前肢や後肢に乗せ、温まったらマッサージをするというのもよい方法です。その後に、愛犬のサイズが合うソックスをはかせるのもいいでしょう。

マッサージをしてもあまり体温が上がらないようなら、定温やけどしないように、カイロなどを貼ってあげるのも効果的です。

日常生活の注意点

排せつをよく確認しよう

オシッコが出ないと命にかかわります

犬は、普通、トイレか、散歩でしかウンチや、オシッコをしたくないものです。ですから、自分が寝ている場所ではなく、通常はちゃんと決まったところにします。

ところが、老犬になると、今までしなかった場所でお漏らしをするようになります。

排便

オシッコに比べて、ウンチを漏らすことは少ないようですが、ないこともありません。犬小屋や部屋ではしなかったのに、寝たままウンチをしたりするようになります。肛門括約筋の締まりが悪くなって、そこここにしてしまうのです。ウンチを漏らして、動きが鈍くなった犬が踏んだりすると不衛生ですので、漏らすようになったら、オムツをするのがいいのかもしれません。

ネコの場合、便秘はよくある症例です。犬に比べて蠕動《ぜんどう》運動がゆっくりなのか、寝たきりになっていなくても高齢なネコは、ウンチが4日、5日、出ないことがしばしばあります。それで、肛門の手前の結腸が大きくなり、巨大結腸症になります。

一方、犬は、難治性の便秘は珍しいです。散歩に行けば、ほぼ毎日、1回から2回はウンチをします。

ところが、犬も寝たきりになって、散歩も行けなくなると、便秘になります。動くことができないので力むこともできません。1日に1回も出ないことになります。

▼▼排便を促す方法

＊**腸の辺りをマッサージする。**

仰向けにすると、肋骨より下の辺りに、胃があります。その下に腸があるので、犬が嫌がらない程度に、肛門に向かって、マッサージしてください。

＊肛門の周りだけ、湯などをかけて刺激する。

全身を洗うのはたいへんですが、肛門の周りだけシャンプーするのは、それほど面倒ではありません。その刺激で、ウンチが出やすくなります。

＊ビニールの手袋で掻き出す。

100円ショップで、使い捨てのビニールの手袋を購入して、手袋をつけた手で、ゆっくりとウンチを掻き出してあげましょう。手袋にオリーブオイルなどを塗っておくと、やりやすいです。

✻マッサージの仕方

仰向けにして肛門に向かってマッサージすると便が出やすい。

＊浣腸（動物病院で）

いろいろとやったけれど、ウンチが出てこないようでしたら、動物病院で、浣腸などの処置をしてもらいましょう。

▼▼排便のしくみ

消化器系のイメージは、1本の筒の

point

◆前立腺肥大かも（→63ページ）

加齢のために、ウンチが出ないと思っていると、オスの場合は、前立腺肥大である可能性があります。

肛門の近くにある前立腺が腫れる病気です。精巣から分泌されるアンドロゲンなどの不均等によって引き起こされます。直腸を圧迫するので、ウンチが出にくくなるのです。若いうちに去勢手術をすることで、ほぼ防げる病気です。

ようなものだと思ってください。
口（食べ物を口に運ぶ）→食道→胃（消化）→小腸（栄養素の吸収）→大腸（水分の吸収）→肛門（排せつ）。

口から肛門まで、管の中を通ってくるので、食べていれば、下へ下へと押し出してくれます。食が細くなってくると、ウンチが出にくくなりますが、繊維質を多くあげると、出やすくなります（→96ページ）。

▼オムツの種類

ペットショップに行けば、ペットのオムツはたくさん売っています。

それを使うのももちろんよいのですが、人間の子ども用のオムツも利用できます。こちらの方が経済的です。

犬用オムツへの変身

＊人間のオムツには、シッポを出す穴がないので、そこを開けます。

＊穴にガムテープを貼るのが、ポイントです。切ったままにしておくと、中から、オシッコを吸収するゼリー状のようなものがポロポロと出てきますので、注意が必要です。

＊できれば、その穴をミシンでかがります。

＊メスの場合は、その子の体重の人間用のものを買ってくれれば、漏れる心配はありません。

＊男の子の場合は、ペニスがあるので、ウンチは防げてもオシッコが漏れることはあります。その場合は、はかせるオムツを腹巻きのように切り、その上にオムツをすると、漏れるのを防げます。他には、オムツの上に、収縮性のあるレッグウオーマーをはかせ

犬の大きさに合わせたおむつパンツも販売されている。サスペンダーがついているとずれにくい。写真提供：株式会社ヤマヒサ

オムツの作り方

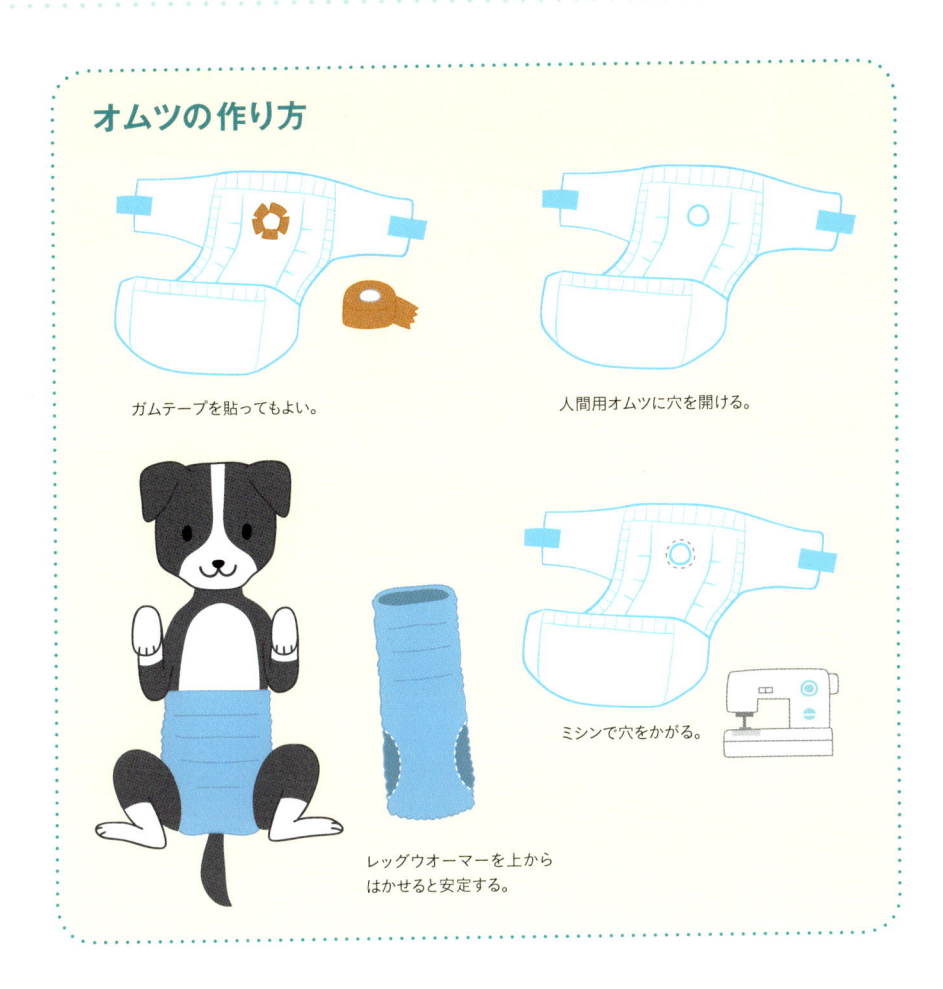

ガムテープを貼ってもよい。

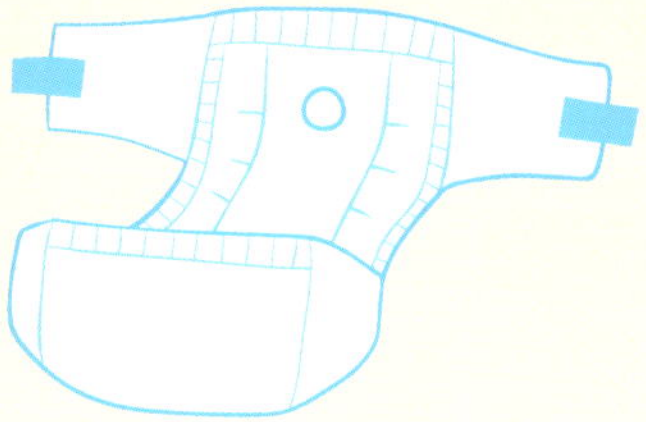

人間用オムツに穴を開ける。

レッグウオーマーを上から
はかせると安定する。

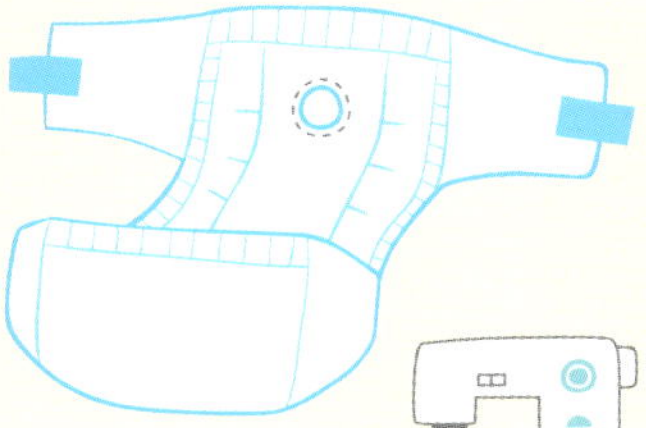

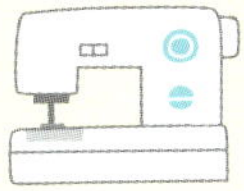

ミシンで穴をかがる。

て、オムツを固定するということもできます。また、犬に服を着せて人間用の帽子用フックで服とオムツをとめると、ずれを防止できます。フックは、100円ショップや文房具屋などで購入できます。

＊オムツのフィット感が違うので、市販のオムツをいろいろと買ってきて、テストしてみる必要があります。

▼オムツをする時の準備

犬は毛が生えているので、オムツをする場合は、肛門の周りの毛を短くカットしておくほうがいいようです。どうしても風通しが悪いので、不衛生になりがちだからです。

もし、ウンチやオシッコをしたら、こまめに拭くか洗ってあげましょう。老犬になると、免疫力も弱るので、衛生的にしないと、皮膚病を併発する可能性もあります。

排尿

老犬のオシッコは、量が多く、アンモニア臭が少なくなるのが特徴です。水のようなオシッコになります。

なぜ、こんなオシッコになるか、ここで、加齢に伴った腎臓の話をしておきます。腎臓の機能は、老廃物を濾過することです。自分に必要な水分は、再吸収しないといけないのですが、老化するとその機能もゆっくりになるのです。それで、若い時に比べて、オシッコの量も多くなり、アンモニア臭も少なくなるというわけです。

加齢に伴ってオシッコを漏らしてしまうのは、自然の摂理で仕方がないことです。ですから、もし、普段寝ているところに、お漏らしをするようなことがあっても怒ったりせずに、老化現象だと冷静に受け止めてください。

▼疑うべき病気

全部が全部、加齢に伴うものかというとそうではありません。

糖尿病（→76ページ）

糖尿病になると、たくさん水を飲み、たくさんオシッコをします。つまり多飲多尿という症状が出てくるのです。若い時はふっくらしていたのに、最近、食べている割に痩せてきたという犬がいれば、一度、動物病院へ行って検査してもらってください。血液検査をすれば、すぐにわかります。初期なら、食事療法で改善できます。かなり進んでいると、インスリンの注射を打たないといけなくなりますので、動物病院でよく説明を聞いてください。

膀胱炎（→91ページ）

オシッコの量は増えませんが、チョコチョコとその辺りにオシッコを漏らしたりします。膀胱の中が、大腸菌などの細菌に感染しているとこういう症状になります。

よく見ると血が混じっていたりするので、注意してください。

慢性腎不全（→74ページ）

腎炎などの病気が進行して、腎臓機能がうまく働かなくなっています。悪化すると、体に尿素が溜まり尿毒症になることにより、命にかかわります。

水をよく飲み、オシッコの量が増えて、食欲がなくなったり、嘔吐し始めたら、病院へ行って精密検査をしてください。

point

◆オシッコの量

1キロで40ccのオシッコが出るので、5キロの犬だと1日200ccくらいが正常です。愛犬の正しい尿量の目安を知っておきましょう。

一度失われた腎臓機能の回復を望むのは難しいので、食事療法などで悪化をくいとめます。

▼オシッコが出ない場合

ウンチの場合は、そういえば、出てないかもしれないね、といって、ゆっくり構えていても、そう問題はありません。しかし、同じ排泄物だからといって、オシッコも大丈夫だと思ってもらうと困ります。

オシッコは、36時間以上出ないと、尿毒症を起こして命にかかわります。

✻泌尿器系のしくみ

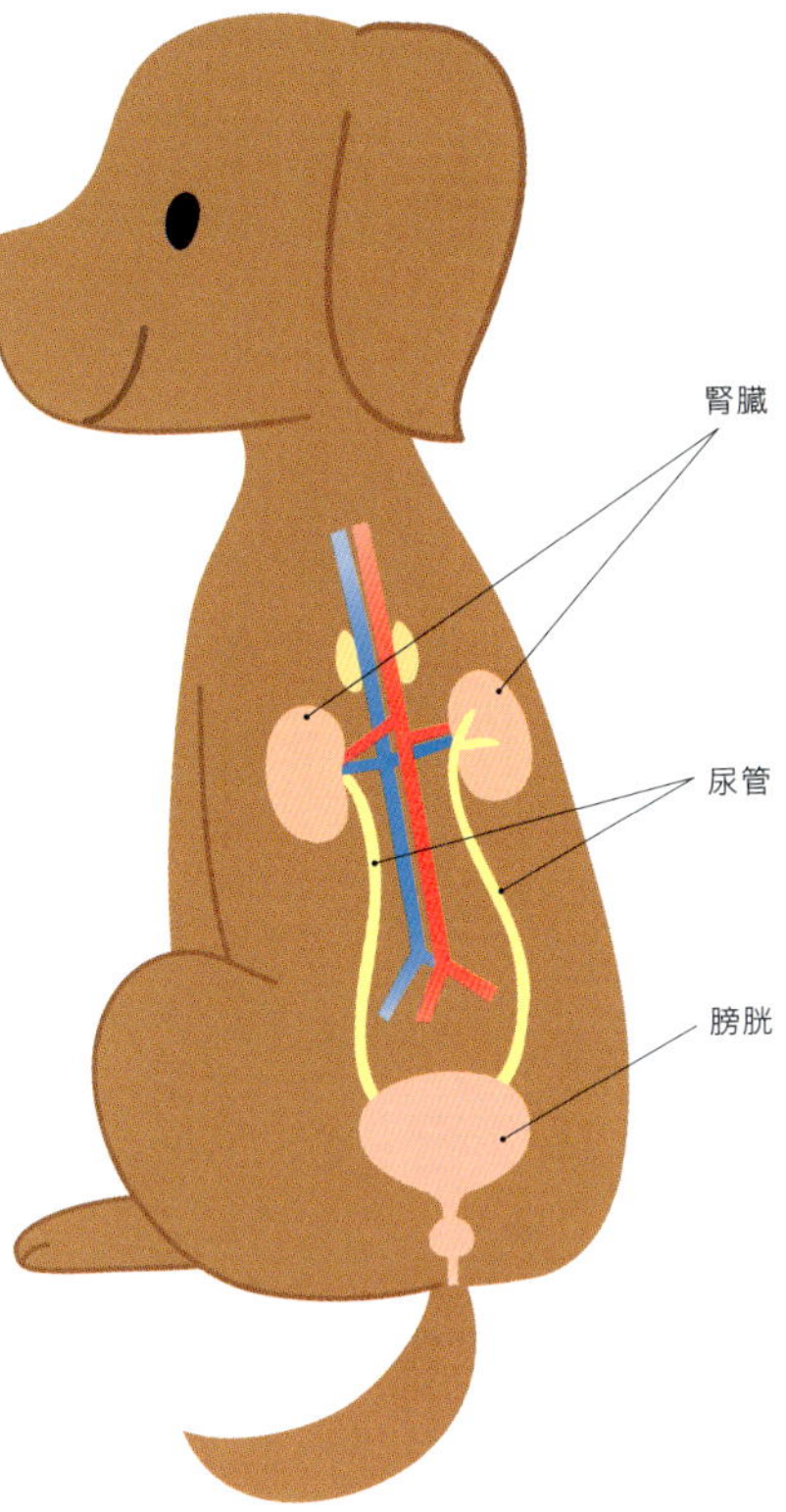

毎日、出ているかどうか、きちんと見ておいてください。出ていなければすぐに動物病院に連れていきましょう。

老犬になったら、「多分オシッコしたはず」では手遅れになる可能性があるので注意が必要です。

何ccぐらい出たかも記録しておかないといけません。シーツにしたりオムツにしている場合は、あらかじめ100ccの水をかけてみて、目で100ccがどのくらいの量か覚えておきましょう。

飼い犬の正常な尿の量（→Point）を知っておくことも大切です。

また、ニオイと色も重要です。もちろん、赤かったりドロリとしているのはよくありません。透明な黄色が正常です。

オシッコが出なくなっても、毎日病院通いというわけではなく、今の獣医学では、家でもちゃんとコントロールができるようになっています。

▼オシッコの出るしくみ

口から水分を補給する（飲む）と腎臓で濾過され、体の外に出していいものは、膀胱に溜まります。膀胱が大きくなれば、オシッコを出さないといけないという指令が神経に伝わり、膀胱を収縮させて、弛緩した尿道から、勢いよくオシッコが出るのです。

つまり、神経が関係しているのです。加齢のために、寝たきりになると、背骨の障害を起こします。脊髄から膀胱を支配している神経が走っているためで、ちゃんと動かなくなり、出にくくなるのです。

ウンチは、管のところを通って出てくるので、上から食べさせれば、なんとか出てきます。

しかし、オシッコは違います。オシッコの溜まる膀胱は袋状になっているので、尿管に繋がっている部分が、巾着のヒモのようにギュッと締まっているのです。そのヒモが緩まないと、オシッコが出ません。

そんな状態のところに水分だけたくさん取ると、膀胱は、風船のゴムのように、ドンドンと膨らみ、大きくなった膀胱が他の臓器を圧迫することになります。

▼オシッコの出し方

圧迫排尿

腹部の下の方（後肢の付け根辺り）に、膀胱があります。風船のような臓器で、皮膚の上からその膀胱を圧迫すると出るというものです。

確かに、ネコの場合は、この圧迫排尿で出ますが、犬の場合は、出ないことも多いです。

あまり、実用的ではありません。

カテーテル導尿

物理的に、オスの場合はペニスから、メスの場合は膣から、カテーテルという管を差し込み、尿管から膀胱に入れます。それで、オシッコを出します。これが、もっとも一般的です。これだと、確実に、オシッコが出ます。

問題点としては、以下のようなことがあげられます。

＊飼い主が1人でやるのは難しい。
＊カテーテルをつけっぱなしにしていると感染症を起こす。
＊24時間、ポタポタと出っ放しになり、部屋を汚す。

▼内科的処置

今は、膀胱の神経支配を緩めて、オシッコを出す薬を獣医学で使うようになりました。内服薬・排尿障害治療薬（商品名ミニプレス）なので、家で薬を飲ませるだけで出ます。

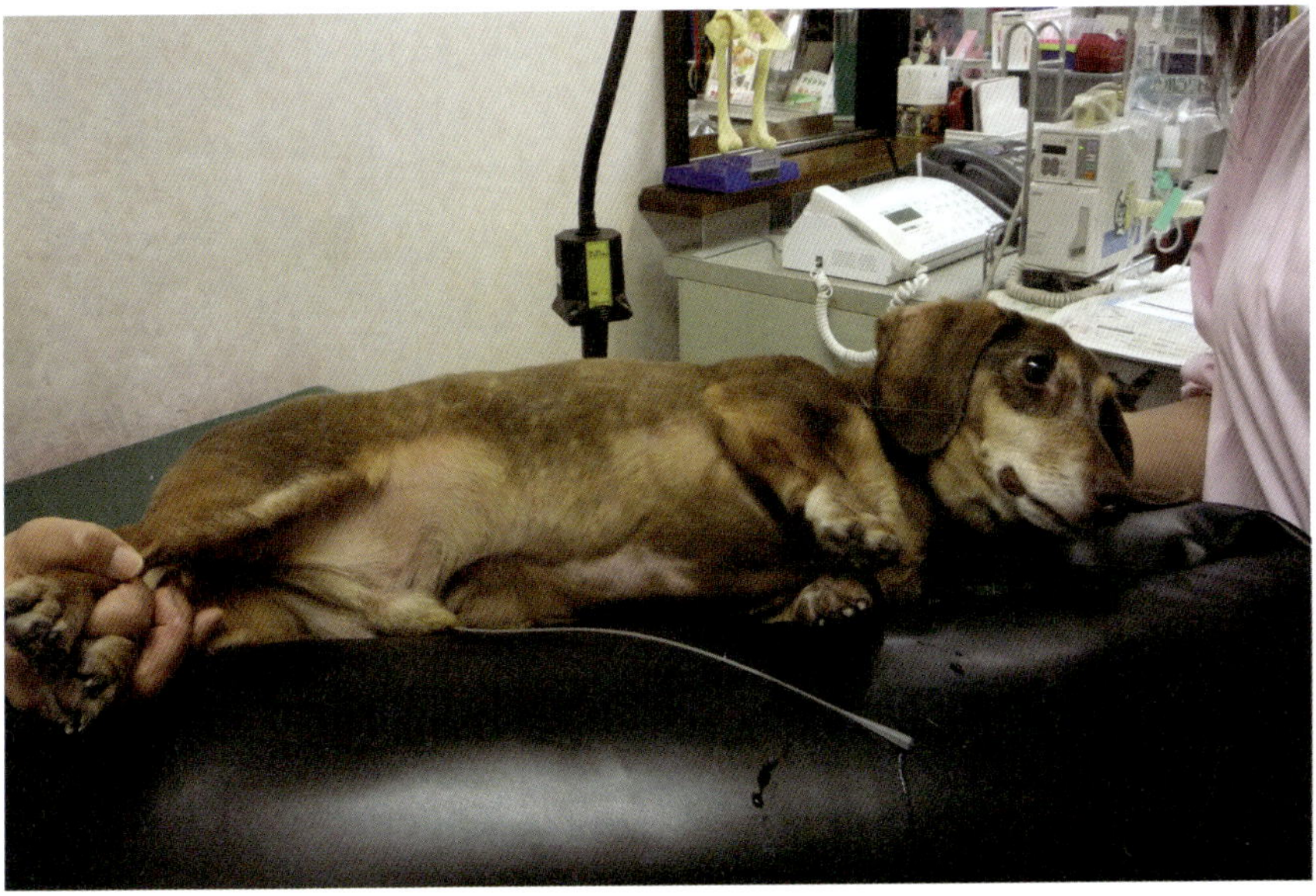

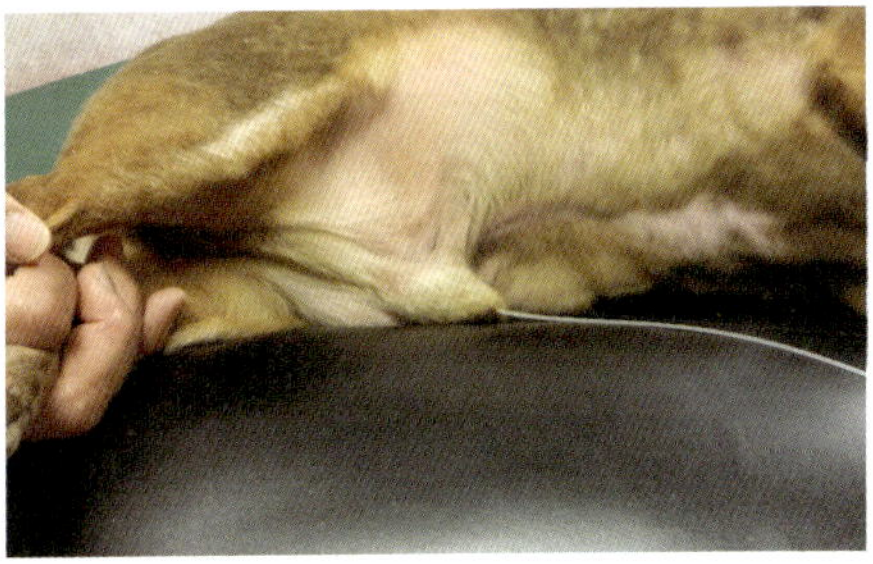

［カテーテルによる導尿］

オスの場合はペニスからメスの場合は膣からカテーテルを差し込み、排尿させる。最も一般的な方法で、確実にオシッコが出る。

出ない場合でも、ちょっと膀胱のあたりを押さえると、ドボッと出てくることもあります。

イメージとしては膀胱である巾着袋のヒモを緩める薬と考えてください。それで、オシッコが出やすくなるのです。

point

◆カテーテル実例

今から、20年ぐらい前、つまり１９８０年代後半に、私が飼っていたジェーマン・シェパードは、加齢のために後肢マヒになり、オシッコが出なくなりました。それで、カテーテルで導尿していました。大型犬なので、オシッコの量も多く、カテーテルから落ちる尿で、フローリングを汚して、たいへんだった記憶があります。

Column

介護用品

上手に利用して強い味方に

株式会社ヤマヒサのブランドであるペティオは、2006年から介護用品の取り扱いを始めました。シニアサポートシリーズとして、「ずっとね。」を合言葉に、日々開発を続けています。急激に売れているということはありませんが、少しずつ売り上げを伸ばしています。

やはり、寝たきりの子が増えたのか、消耗品であるオムツがよく出ているとのことです。その次が、後ろ足用のハーネスです。後ろ足の踏ん張りが弱くなったからといって運動や散歩をさせないでおくと、寝たきりになることがあります。ハーネスを使ってその子に合わせたペースで散歩させることで、血液の循環もよくなり筋肉も落ちにくいのです。

食事の際の、介護用の皿もあります。自分の思ったように歩けなくなった子は、皿から食事を摂るのが難しくなります。持ち手付き食器で食が進んだ子もいます。フードを食べないと弱る一方ですが、ちょっとした工夫で食べてくれるようになります。

介護は、大変なことです。でも、ちょっと工夫された介護用品で、随分と楽になることもあるのです。上手に利用しましょう。

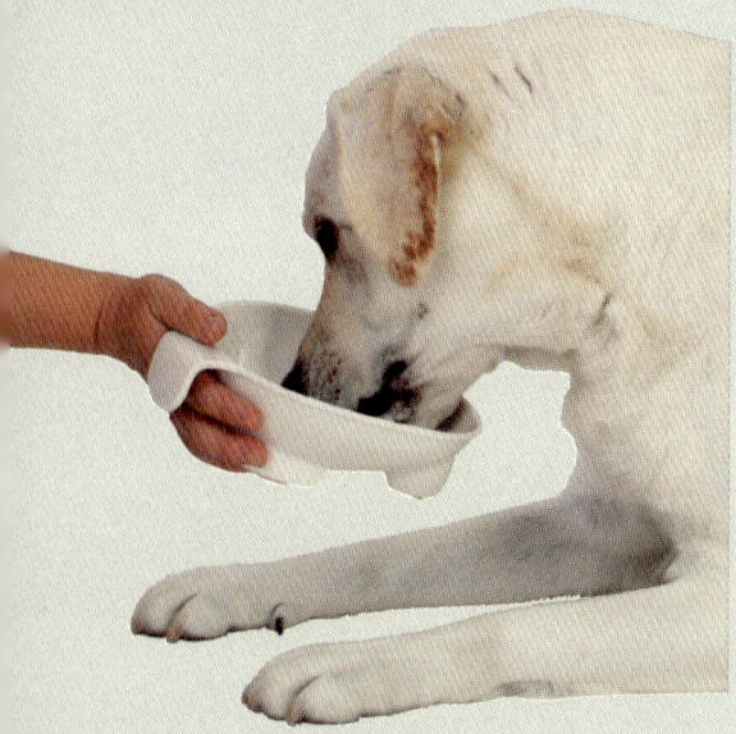

持ち手付き食器。口元まで食器を運べる。

後ろ足用の歩行補助ハーネス。

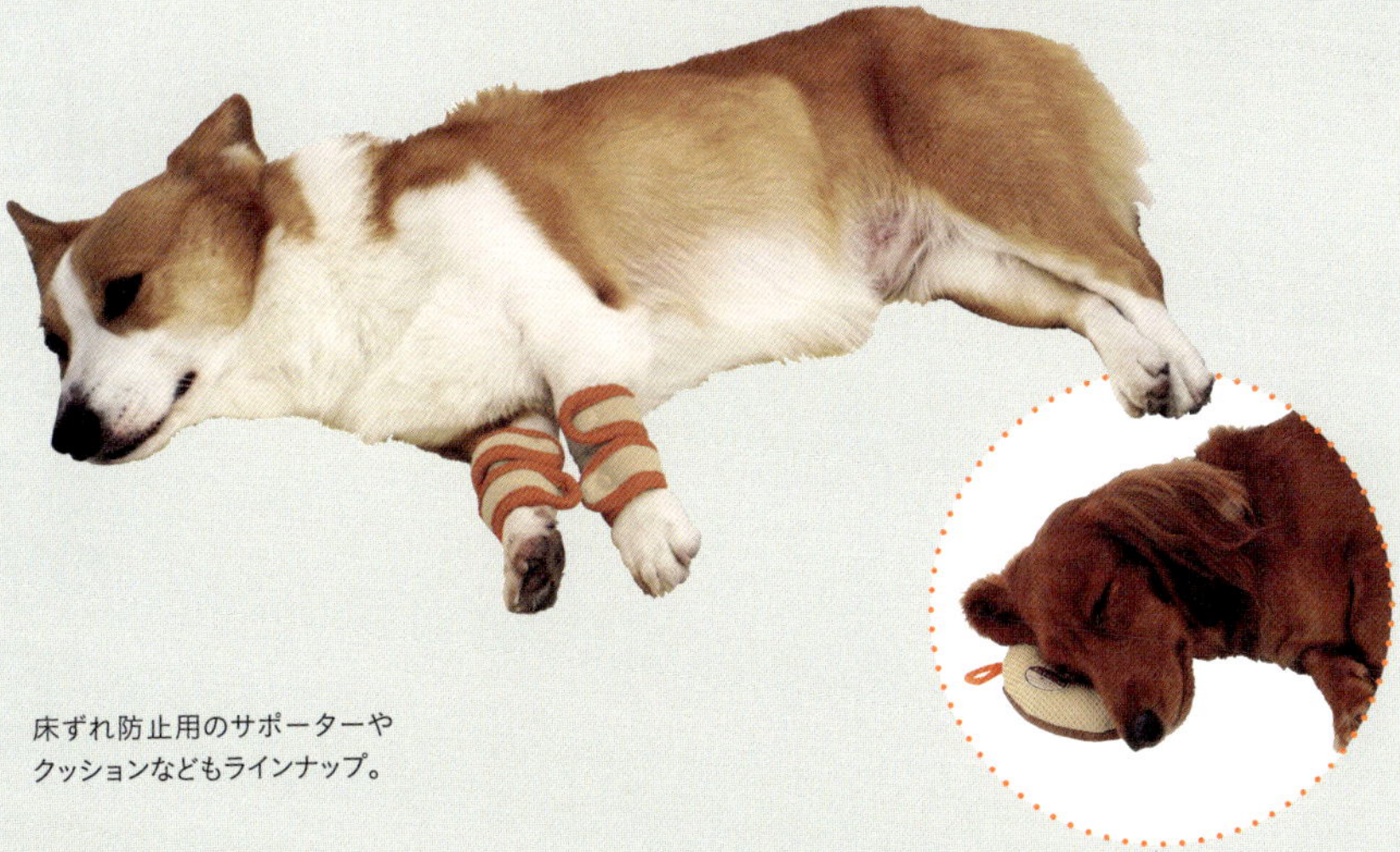

床ずれ防止用のサポーターや
クッションなどもラインナップ。

写真提供：株式会社ヤマヒサ

日常生活の注意点

シャンプーは体調に合わせて

犬にとって重労働なので安易に行わないこと

シャンプーは犬にとっても重労働で、体力を消耗します。ですから、若いころのように安易にシャンプーをすべきではありません。犬の体調や状況に合わせて洗ってあげましょう。

状態別シャンプーの方法

▼▼心臓が丈夫、または、若い時からシャンプーが好きな場合

気候がよく、暖かくて、愛犬の機嫌のいい日にしてあげてください。長時間に渡ると疲れるので、手際よく行うのがポイントです。

▼▼心臓が弱っている、または、若い時からシャンプーが嫌いな場合

全身を洗うと疲れるので、今日は下半身だけ、次は上半身だけと部分的に洗ってあげるのがいいです。小型犬は全身を洗うのも部分的に洗うのでもそう大して違わないように思えるかもしれませんが、犬の負担は違います。

心臓が弱っている犬は、獣医師によく相談してください。

▼▼動かすだけで心臓の動悸が大きくなる場合

ガーゼなどをぬるま湯に浸してよく拭いてあげてください。それを繰り返すだけで随分きれいになります。

ブラッシング

犬は、人間のように全身から汗をかかないので、ブラッシングだけでもかなりきれいになります。特に、長毛の犬は、こまめにブラッシングしてあげましょう。毛玉は、こまめにほぐすか、ほぐせない場合は、ハサミで注意深く切り取ります。犬の皮膚はよく伸びるので、誤って皮膚を切らないよう、注意してください。

シャンプー剤

必ず犬用のものを使いましょう。人間用は幼児用であっても使わないでください。人間の皮膚のPH《ペーハー》は弱酸性ですが、犬は弱アルカリ性なので、人間用のシャンプーを使うと、皮膚のダメージをまねくことがあるのです。シャンプー選びに迷ったら、動物病院で相談してください。

乾かし方

ドライヤーの音を嫌う犬なら、バスタオルを多めに用意して、タオルドライしましょう。ドライヤーを嫌がらない犬なら、ドライヤーで乾かします。ドライヤーは低温に設定し、距離を離してかけてあげてください。頭を乾かすときは、顔にはなるべく風が当たらないように、頭の後から風を送りましょう。

床ずれを起こしている場合は、温風では痛いので、冷風をあててください。

こまめなブラッシングだけでも随分違うんだよ！

シャンプー後の注意点

いくら犬が清潔になっても、シャンプーの後に犬が肺炎になったり、下痢したりしては意味がありません。それではかえって寿命を縮めることになります。

シャンプー後は注意深く見守り、体調に変化があれば、すぐに動物病院に連れて行きましょう。

point

◆排せつは済ませてから

どんなケースでも、シャンプー前には排便や排尿を済ませておくと安心です。とはいっても、老犬になると身体が温まって気持ちよくなり、粗相をしてしまう場合もあります。そういうケースも想定してシャンプーに臨みましょう。

日常生活の注意点

犬にもバリアフリーの環境を

犬に優しい家は人にも優しい

人間の場合は、バリアフリー住宅というものがあります。高齢になっても、対応できるよう段差をなくし、トイレやお風呂には手すりをつけます。

その他さまざまなバリアフリー対策は、高齢者ならずとも快適な住環境となります。

それでは、老犬にはそのような環境は必要ないのでしょうか？

ちょっとした段差が危険

若くて元気な時は、庭などの屋外に飼うのもいいでしょうが、老犬になってきたら、やはり室内飼いをおすすめします。

長年、外で飼っているのに、いきなり室内飼いは難しいかもしれませんが、それには、ちゃんとした理由があるのです。

老いを迎えると、犬は寒暖の差に耐えられなくなり、暑い日が続くと熱中症になりやすく、寒い日が続くとすぐに肺炎になってしまいます。

また、若い時だったら、平気で飛び越えていた庭の凹凸にもつまずくというような現象も出てきます。そうなると、骨折する危険も増えます。

目も加齢に伴い白内障になることも多いので、視力も落ちてきて、障害物にぶつかることになります。それで、目をケガしたり、他のところを傷つけたりします。

それなら、老犬を飼う環境として、室内はどのような注意が必要なのでしょうか。

▼▼床

まず、老犬にとってどんな床が望ましいかを考えてみましょう。

理想はすべらずに歩くことができ、温かみがあることです。それで、まず思いつくのは、じゅうたんを敷き詰めることです。ただし、今はハウスダスト、ダニなどの問題から、じゅうたんよりフローリングの方が多いと思います。

　フローリングの利点は、オシッコなどを漏らした時にすぐに処理できて、掃除がしやすいということです。

　足腰がしっかりしている時は、フローリングでも問題がないのですが、老犬になると、後肢のふらつきがあります。そうなると、すべるフローリングでは恐がって歩かなくなります。

　そうなったら、床に、洗うことのできる毛布、じゅうたんなどを敷きつめてすべらないようにしてあげましょう。犬用のすべり止めワックスなども市販されているのでおすすめです。

　家を建てる時に、床をフローリングにするよりもコルク素材のものにしておくと、爪などが刺さって、滑ることも少なく歩きやすいです。コルクは犬に優しい素材です。

段差を解消する階段式のスロープなどもある
（写真提供：アイリスオーヤマ株式会社）

▼▼段差

　まさに、バリアフリーが理想です。

　ワンフロアーに、敷居などの段差があると、つまずいて転ぶ危険があります。前肢はそうでもありませんが、股関節に炎症を持った老犬が多くなるので、犬自身は足をあげているつもりでも、後肢がついていかず、腰砕け状態になります。そうなると、引っかかって、倒れてしまいます。

　家がバリアフリーでない場合は、毛布やバスタオルを敷いて、段差のない環境を作ってあげましょう。段差を緩やかな傾斜にかえる家具なども売っています。犬だけでなく人間にも優しいです。ただし、すべりにくい素材にし

point

◆備えあれば憂いなし

犬も人間と同様に老いがやってくるので、そのライフステージに合った環境にいた方が、病気にもなりにくいし、飼い主の世話する時間も少なくてすみます。「備えあれば憂いなし」をモットーに、老犬の生活環境を考えましょう。

ましょう。

▼▼階段

足腰がしっかりしなくなってきたら、階段の上り下りは控えた方がいいでしょう。上る時は、まだ事故は少ないのですが、下るのに足をすべらせて脱臼、骨折、打撲などを起こすケースが増えています。

そうならないためには、まず、階段を使わせないことです。犬の侵入を防ぐペットガードが市販されていますので、それを階段の上り口に取り付けます。1万円前後で購入できます。

犬を1日中観察することは難しいので、このバリケードをつけておくと階段での事故はなくなります。

▼▼すき間

認知症のところで詳しく述べましたが、老犬になってくるとすき間に入って行く習性があります。若い時なら、そこから、ぐるりと回って出てきたり、後退できたのですが、それができなくなってしまいます。飼い主さんがいないと、すき間から出てこられなくなりますので、そういう危険を避けるためにも、家具のすき間などは作らないようにしましょう。それが無理な場合は、留守をする時に、お風呂用の柔らかいマットを立ててすき間に入り込めないようにバリケードしておくといいです。

▼▼寝床

ちょっと前なら、外で物音がしたら、起きて様子を見ていた犬が、高齢になってくると、寝ていることが多くなります。

長く快適に寝られるように、床ではなく弾力のあるところで寝かせてあげるのがベストです。テリトリー意識がありますので、暖かくて落ちつける場所に、犬用の寝床を作ってあげることをおすすめします。

冬は毛布、夏はバスタオルを敷いてあげましょう。決して敷きっぱなしにしないで、1週間に2回ほど洗濯します。不衛生にしていると、ノミが繁殖したり、皮膚病の原因にもなります。

▼▼トイレ

加齢に伴い膀胱の収縮力が弱まり、漏らすことが多くなります。

自分では、ちゃんとトイレに用を足しに行っているつもりでも間に合わないので、若い時より、トイレの面積を広くしたり、トイレをたくさん用意しましょう。寝床から遠い場所にあると、行くまでに漏らしたりして床を汚しますので、近いところに置いてあげましょう。

▼▼認知症が出てきた場合

徘徊するなど認知症の症状が出てき

✻老犬のための室内環境の注意点

すき間はできるだけふさぐ。

フローリングはすべり止めワックスなどを塗る。

暖かくてくつろげる場所に寝床を置く。

段差は解消する。

寝床の近くにトイレを用意する。

階段に侵入しないようガードをつける。

たら、家の中をあてもなく、ぐるぐると回り始めます。

そうなると、すき間に入って出てこられなくなり、ずっと鳴いていたりすることになります。

それで、風呂用のマットを繋いで、大きな丸いサークルのような形にしておくと、どこにぶつかってもケガをする危険性もなく、おすすめです。

屋外で飼っているなら

家の中で飼いたいけれど、どうしても無理な場合は屋外になってしまいます。

その場合は、犬小屋、寝床を日当たりのよい、風通しがいいところに置いてあげましょう。もちろん、夏は日陰で、直射日光が当たらないところにしてあげてください。

室内ではなく、屋外だとどうしても目が届きませんので、寝たきりになった時には、たいへんです。床ずれなどを起こしてウジがわいたりします。そうならないためにも、敷物は毎日点検して、汚れていたらこまめに洗ってあげましょう。

また、夜だけでも玄関に入れておくと随分違います。外でないと落ち着けない犬は別ですが、そうでなければ、寝ている時は玄関に入れてあげてください。

屋内にいると、夜の様子もよくわかります。

風呂用マットでサークルを作るとぶつかっても安心。

✻ 老犬のための理想の室内

段差
毛布やバスタオル
で解消する。
すき間
板などでふさぐ。
階段
ペットガードなどで
入れないようにする。
トイレ
複数用意し、1つは
寝床のそばに置く。
床
じゅうたんやコルク
素材がベスト。フロー
リングならすべり止め
ワックスを。
寝床
季節に応じて、毛布やバスタオルを敷く。

日常生活の注意点

真冬、真夏は特に注意

寒さ暑さが命取りになるケースも

老犬になると、寒さ、暑さが応えます。去年まで大丈夫だったから、今年も大丈夫と考えるのは間違いです。飼い主が寒さ暑さ対策を怠ったために、命取りになるケースがいくらもあります。そこまでするの？　と思われるほどして、ちょうどいいぐらいです。

　具体的には、以下のような対策をとりましょう。

寒さ対策

▼▼屋内に入れる

外飼いの場合でも、老犬になったらできるだけ室内で飼ってあげましょう。１日中が無理であれば、せめて寝る時だけでも、玄関でよいので屋内に入れてあげてください。屋内だと風にも夜露にも当たらないので、シニアにはいいのです。**寒い日に外にいると、肺炎になることもあります。**

▼▼屋内を暖かくする

　室内では、ホットカーペットやエアコンをつけてください。飼い主ではなく、老犬の具合に合わせてあげましょう。心臓疾患を持っている犬は、特に寒さに弱いです。

　また、シニア期になると、寝ている時に四肢が冷たくなっていることがあります。四肢が冷たいのは、あまりいい傾向ではありません。その数か月後に亡くなる子も多いです。その時、棒灸（→１３９ページ）を背骨（シッ

point

◆湯たんぽがおすすめ

　湯たんぽがない場合は、ペットボトルに60度ぐらいのお湯を入れて、フリースで巻いて置いておくのもひとつの手です。犬の体温は、約38・5度なので、人間よりかなり温かいはずです。

ポから頭に向けて）、四肢にしてあげると、ほんのり温かくなってきます。
病院に連れて行く時は、ゲージに使い捨てカイロなどを入れていくとよいでしょう。いろんなものを噛まない子なら、寝床の下に置くという方法もあります。

▼▼服を着せる

寒い時は、服を着せてあげるのもいいでしょう。特に、メキシコ原産のチワワなどは寒さには弱いので、厚着をしてもいいかもしれません。

▼▼温かい食事を

食事を与える時は、少し温めててあげるといいです。缶詰をあげているのなら、それにお湯を入れて、人肌（36度ぐらい）にして与えると食欲増進にもなります。水を与える時も、ぬるま湯にしてください。シニア期になると、歯にトラブルを持っている子が多く、水が冷たいと歯にしみるので、飲水量が減る場合もあります。それが、腎臓疾患や便秘を引き起こすこともあるので注意しましょう。

暑さ対策

▼▼屋内に入れる

寒さ対策同様、屋内に入れてあげましょう。直射日光も浴びないし、虫にさされることもありません。

▼▼室内を冷やす

今やエコの時代ですが、やはり老犬にはエアコンで部屋を涼しくしてあげるのが、いちばんです。1日中が無理でも最も暑い日中だけでもつけましょう。クールマットを寝床に敷いてあげるのも効果的です。

冬寒がる犬には洋服を着せるのもよい。

point

◆水分補給はしっかり

暑い時期は、吐く息で水分が蒸発するので、水分補給はしっかり。脱水になると、熱中症にもなりやすいので十分注意してください。必要な水分量は、体重1キロに対して1日約50ccですから、10キロの犬だと500ccの水分が必要になることになります。

▼散歩は暑くない時間に

散歩は、必ず日差しの弱い時、日が明ける前や暮れてからにしましょう。気温が下がっても、アスファルトの道路はまだまだ熱いので、犬が歩ける温度かどうか、手で触れて確かめてください。犬は、体から発汗できないので(かけるのは肉球だけ)、暑い日の散歩は、前もって毛に水をかけていくのもいいでしょう。

それ以外にも、水に濡らして着せるクールベストや首に巻くバンダナタイプの冷却剤のようなものをすると熱中症の予防になります。

散歩から帰ってきたら、氷水を飲ませてあげましょう。

涼しい部屋でじっとしているのに、なかなか大きい息が収まらない場合は、血管が飛び出しているところを冷やしてあげましょう。

暑さ対策

部屋を涼しく。

散歩は地面の温度が低くなってから。

寒さ対策

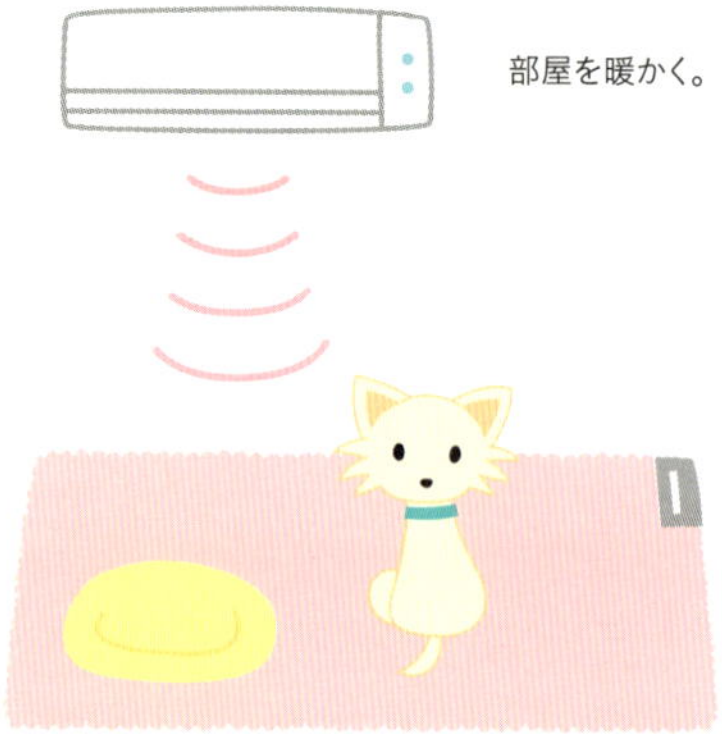

部屋を暖かく。

洋服を着せる。

食事を温める。

Column

犬にもお灸は効果的
棒灸

関節炎や倦怠感がある時、犬も体を温めてあげるのがいいようです。

棒灸は、もぐさを棒状に固めた、人間用と同じものを用い、木でできたホルダーに入れて温めます。棒灸から伝わる温かさは細胞をゆっくりと活性化して筋肉のコリや痛みを和らげます。

使い終わった後の棒灸はなかなか消えないので注意しましょう。火消しツボに押し入れて、空気が入らないようにして消します。

家でできる簡単な棒灸の方法

1▼シッポの方から、頭に向かって、

2▼骨と骨の間の温めるつもりで、

3▼背骨中心に温める。

4▼少し温かくなるまで、一方通行（シッポの方から、頭に向かって）で何度が行う。

5▼最後は、後ろ足の後三里でお灸止めをする。

はじめは、犬もびっくりするので、少しずつしてあげてください。気持ちがいいのがわかると、そのうち犬も寝てしまいます。

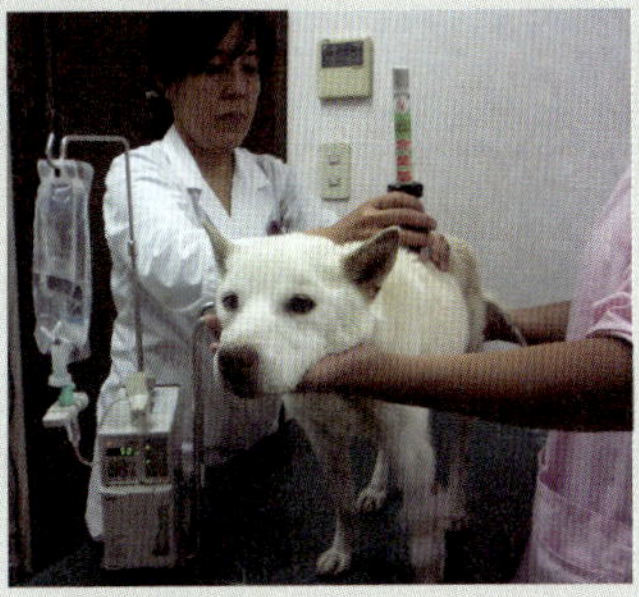
犬は毛が長いので、やけどしないように注意する。

シッポの方から頭に
向かって、背骨中心に。
後三里

適度な運動で寝たきり予防

ただ寝かせておくと寝たきりになってしまいます

若いころなら、今まで外で物音がしたり、犬の鳴き声が聞こえると、すぐに起き上がって異変がないか見てまわったと思います。それが老犬になってくると、寝てばかりになります。ちょっと耳を動かしたり、目を開けたりするだけで、動くことはしません。以前のように、自分のテリトリーに何かあったら大変と、見に行ったりしないのです。まあ、いいかということで寝てしまいます。

もっと老犬になれば、気づきもしないで、寝てばかりになります。年老いてきたから仕方がないなと、寝かせておく飼い主が増えているように思います。老犬になれば、もう運動しなくていいのでしょうか。

寝かせているだけではダメ

ネコは単独生活の動物なので、飼い主が無理に運動させたり寝ているのを起こしたりするとストレスを感じます。ネコは「寝る子」と書くぐらいでよく寝ます。老猫になると1日の3分の2ぐらいは寝ていることがあります。そういう場合でも、少し起こした方がいいです。

一方、犬は、群れ社会の動物です。いくら老犬になったからといえ寝てばかりでは体によくないという自覚を飼い主に持ってもらうと、犬も運動することに従います。

年老いてきたから、寝かせておくのがいいというのは間違いで、適当な運動をさせた方がいいのです。

老いると、好奇心も薄れてくるので、「こんなに気持ち良さそうに寝ているのに、起こさなくてもいいか」と思わず、起こして四本足で立たせて運動をさせましょう。

運動させるメリット

　加齢に伴い筋肉が落ちてきます。あんなに肉付きがよかった肢も骨ばってきます。そして、骨も骨粗鬆症《こつそしょうしょう》ぎみになります。つまり骨がすかすかになるのです。寝てばかりいると、ますますその傾向が強まります。

　重力にさからって立って歩くと、筋肉の落ち方も緩やかになりますが、使わないで放置しておくと、細い肢になります。

　宇宙飛行士が重力のない宇宙から帰ってきた時に、足が痩せるのと同じなのです。また、骨折の手術をして足を使わないで、ベッドの上で寝てばかりいると足が細くなるのと同じ原理です。

　1分でも2分でもいいから、立たせましょう。立たせることで、血の循環がよくなります。

　また、寝ているだけだと、骨がでっぱっている部分、肩甲骨、大腿骨などの辺りに床ずれができます。それが防げます。

運動の仕方

ほとんどの老犬は、後肢が弱くなります。そのため、ただ、立たせているだけではひっくりかえってしまうし、不安定です。きちんと立たせるには、腰と後肢の辺りをささえてあげることが大切です。

＊犬の介護用品として、後肢とシッポを出したらいいだけのものが売っています。そのような用品を上手に使うことで比較的楽に運動させることができます。

＊犬の介護用品が手に入らない場合は、腰をつり上げられるような幅の広いニットなどで代用するのもいいで

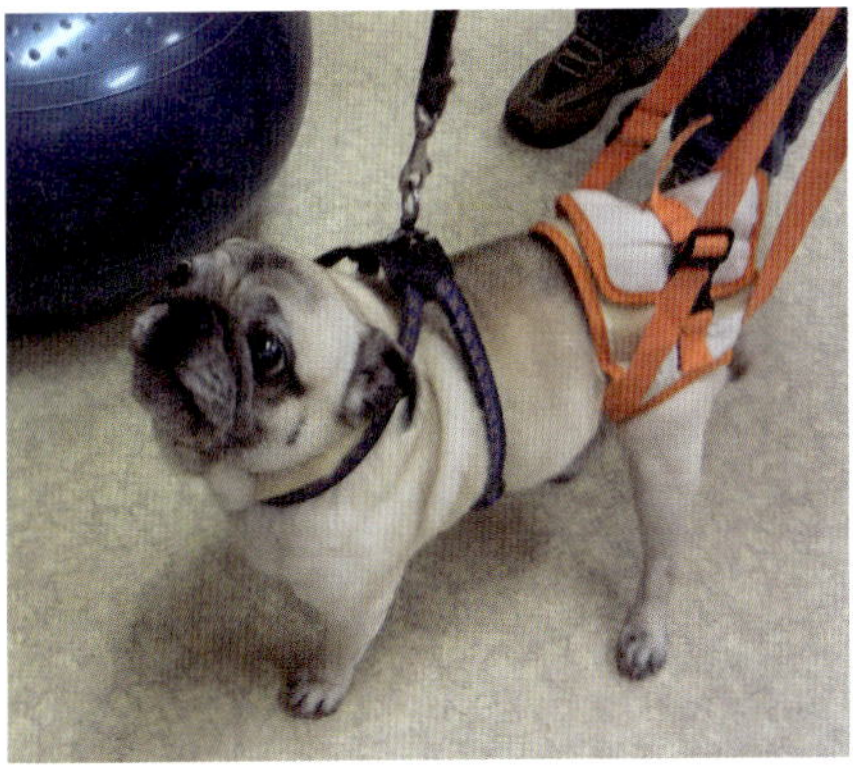

介護用品を上手に取り入れると運動もさせやすい。

point

◆無理は禁物

運動させないでいるとますます筋肉が落ちるので、運動は必要ですが、無理な運動は逆効果です。適度な運動を心がけましょう。

しょう。

＊朝晩に、5分でもいいので、若い時に行った散歩コースを歩いてあげましょう。

＊犬のペースで、ゆっくりと歩いてあげましょう。決してひっぱったりしないようにしましょう。

　足腰が弱ってきたら（寝たきりにならない前に）筋トレをしましょう。道具を使わない方法です（道具を使う方法は→144ページ）。

❶背骨がまっすぐに、地面に平行になるように立たせてください。

　1人で無理な場合は、2人で前と後ろを支えましょう。

　その姿勢を保つことができれば、次に進みましょう。

❷1本の足を浮かせます。足腰がしっかりしていれば、3本足で立つことができます。

❸浮かせた足をゆっくり屈伸させてください。弾みをつけて早く動かすと効果がないのでゆっくり行います。スロートレーニングです。パット（肉球）が、ゆっくり床に着くように、1本の足で、30回。足をかえて、30回ずつ行います。

　❶、❷、❸、までの動作をそう嫌がることなく行えるようなら、筋トレを続けてあげてください。うまくできない場合は、どこか足の痛みがあると思った方がいいかもしれません。

健康状態の確認

　はたして、このスピードで、散歩させていいのかどうか？　心電図をつけて散歩するわけにいかないので、余計に不安になると思います。人間の場合なら、顔色や表情でしんどいがどうかはある程度判断できるのですが、犬の場合は、毛で覆われているので、顔色は見分けにくいです。

＊口の中の粘膜、舌の色を見てください。色が、ピンクならいいのですが、チアノーゼ、つまり青っぽくなればよくないです。

＊舌を横にだらりと垂らすのはよくありません。

＊体中で呼吸している（あえぎ呼吸）のもよくありません。

　以上のような症状が見られたら、散歩を中止してすみやかに家に連れて帰り、安静にしておくのがいいです。

　心臓疾患を患っている犬は、レベルにもよりますが、ニトロのスプレー持参で散歩するのがいいでしょう。実際そのスプレーで発作が治まったケースもあります。スポーツ用の酸素ボトルを持ち歩くのもおすすめです。

✻筋トレの仕方

❶

まっすぐ立たせる。

❷

1本の足を浮かせる。

❸

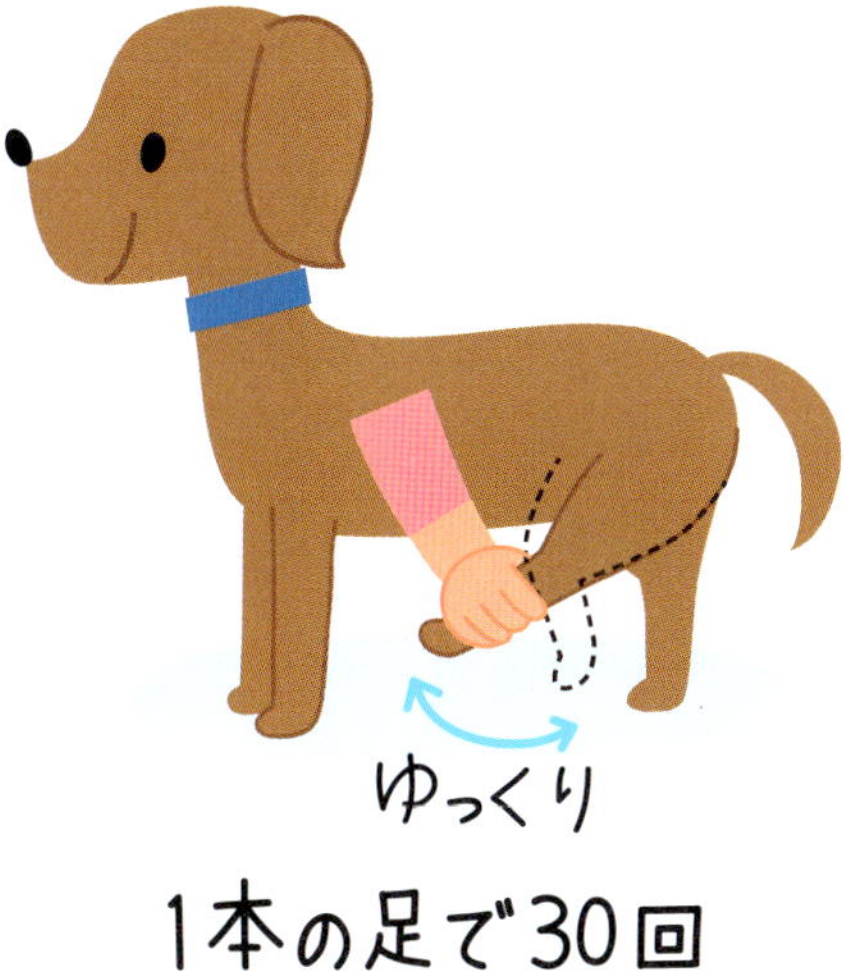

ゆっくり屈伸させると効果が出る。

✻運動をやめた方がいい場合

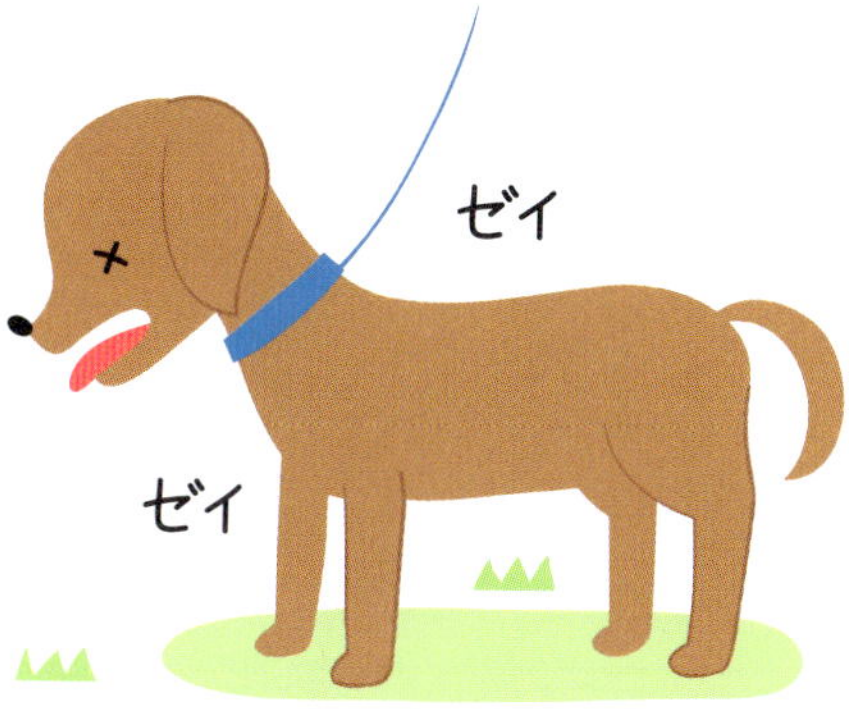

舌が横に出たり、体中で呼吸するようなら運動は中止する。

Column

寝たきり予防に

筋トレのすすめ

急に寝たきりになることは、ほとんどありません。その前に段階があるのです。例えば、

1▼階段の上り下りができなくなった。
2▼後ろ足がいつも震えている。
3▼散歩を嫌がるようになった。
4▼後ろ足の筋肉が薄くなった。

そんな段階を経て、寝たきりになるのです。

特に、椎間板ヘルニアになりやすいダックスフンド、コーギー、股関節形成不全になりやすいゴールデン・レトリーバー、ラブラドール・レトリーバー、バーニーズ・マウンテン・ドッグ、ジャーマン・シェパードなどの大型犬は注意してください。

そんな寝たきり予備群なようなシニアの犬を、そのままほっておいていいのでしょうか？

今や、そういう時代ではありません。老いと積極期に戦うのです。それは、健康寿命を延ばすことです。愛犬の理想は、「ピンピンコロリ」です。

そのためには、何をすればいいか？　人間と同じように、筋トレです。加齢に伴って、筋肉は落ちていくものです。でも、適度のトレーニングで、筋肉が落ちていくのを防ぐことはできるのです。人間も60代で比較的歩くのが速い人は、寝たきりになる率が少ないという統計が出ているそうです。

もともと人間のリハビリをやっていた酒井医療株式会社が、「VetWel」という犬用のブランドでFITPAWSのバランスボールの取り扱いを始めました。アメリカから輸入されています。米国人は、

犬と一緒に何かをするのが好きなせいか、愛犬と一緒のエクササイズが盛んなようです。

その犬に合ったいろいろな形のバランスボールを使って、その上に立ったり、座ったり、前足をかけたりすることで、インナーマッスルが鍛えられます。

犬は、自分の筋肉が落ちてきたから、トレーニングをしなくちゃ！　などと考えないので、遊びの一環として取り入れることが大切です。バランスボールの上で、オヤツ（トリーツ）を与えるなどすると、犬はこの上に乗ることで飼い主が喜ぶし、オヤツももらえるからとすすんで筋トレをするようになります。楽しみながら行うことが大切なのです。

ただ、シニア期の犬は、心臓病や関節疾患などを患っていることが多いので、獣医師に診断してもらい、指導の下でやりましょう。このバランスボール「VetWel」は、動物病院を通して購入できます。

その犬に合ったいろいろな形のバランスボールを使って、ボールの上に立ったり、座ったり、前足をかけたりすることで、体幹が鍛えられる。
写真提供：酒井医療株式会社 問い合わせ先：03-5846-5084

日常生活の注意点

介護に疲れたら

完璧を目指すと続きません

犬の介護にストレスはつきものです。

愛犬のために役に立てて幸せと思える人は、なかなかいないものです。犬は話すことができないので、介護をしていると、「本当にこの犬のためになっているのかしら」とか、「自分で、歩くことができないのに、このような状態で幸せといえるのかしら」、と飼い主は、悩み出します。

犬の介護をしていると、オシッコやウンチの処理をしたり、食事を与えたり、洗濯をしたりと、仕事は増える一方です。ただでさえ忙しい現代人なので、ストレスを覚えて不安になったりイライラしたりするのは、当然のことなのです。

犬を介護するということが、まだ日本では日常的なことになっていないので、理解はまだまだされていません。人間の場合は、介護を手助けしてもらえる制度が増えていますが、犬にはありません。

自分1人で抱え込まない

人間の場合は、想像力が働くので、周りも大変さをある程度理解してくれます。でも犬の介護の場合には、だれに相談していいのか悩むところです。

例えば、「もう、歩けなくなって、寝たきりなのよ」といっても、犬を飼ったことがない人や心ない人には、「そんなの安楽死させてもらったらいいじゃない」とサラリといわれるかもしれません。他人にとっては、飼い主が疲れた時、そばにいてくれた犬、気分が苛立っている時も、いつも普通に接してくれた犬だということは、理解しづらいのです。こんなことなら、いわないでおけばよかったと後悔することもあるでしょう。

まずは、かかりつけの獣医師に、犬の介護について相談するのが、いちばんいいでしょう。犬が若い時から、その獣医師は、一生、この犬の面倒をみてくれそうかどうか、見極めておくのも大切なことです。その犬が成犬になり、老犬になるまで、ずっと歴史を見ているわけですから、相談にのってくれやすいと思います。

そういう意味でも信頼のおける主治医を決めておくことは大切です。

動物病院に預ける

どこの動物病院もやっているとは、断定できませんが、犬の介護に疲れた時は、動物病院で預かってくれます。

私の病院の患畜の例を紹介しましょう。16歳の寝たきりの犬を介護していた飼い主が、どうしても旅行に行きたくなりました。毎年、隣の人に、犬を見てもらって行っていたからです。でも、寝たきりになってしまったので隣の人は留守中に何かあったら困るということで、その年は引き受けてくれませんでした。

飼い主は、余命いくばくもない犬を置いて旅行に行くのに、罪悪感を持っていました。でも、犬の介護には疲れていたのです。私は、もしものことがあるかもしれないけれど、預かる約束をしました。元気そうに見えても、長い間、住んでいた家と病院では、環境が変わるので、容態が急変することがあるかもしれないのです。それを承諾してもらったうえで預かりました。

飼い主は、その間だけ犬の介護から離れて命の洗濯をされたようで、犬を迎えに来られた時は、預けられた時よりも、明るい晴れやかな顔になっていました。そして、また、元気を取り戻して、介護されたのです。

つまり、動物病院をデイケアサービスに使っていいということです。

ペットシッターに預ける

動物病院に預けるのはちょっとという人は、今全国的に、ペットシッターがいますので、シッターに頼んで、自宅で老犬を見てもらうという方法もあります。

床ずれを起こさないように、寝返りをうたせてもらったり、排便、排尿をさせてもらうといいでしょう。24時間、1か月も2か月も自分だけで見ると疲労がたまることがあるので、少しの時間でもだれかに助けてもらうと、気分的に随分違います。

何もかも、自分でしようなどと抱え込まないで、いろいろな人の手を借りて介護すると、随分違いが出てくるようです。これは人間の介護とかわりません。

愛犬も、飼い主が元気で無理をしない方が嬉しいはずです。

犬を介護している人と話をする

普通に生活していると、犬の介護をしている人にばったり出会うことはあまりありませんが、インターネットを開けば、犬の介護について、サイトを開いていたり、ブログを書いていたりする人が多くいます。その人たちの文章を読んだり、掲示板で意見交換をするだけでも気持ちが随分違います。同じような体験をしている人がいると知っただけで、心強いものです。

その人なりに、介護の工夫をしているケースも多いので、いい情報交換ができるかもしれません。

自分の健康管理はしっかりと

犬の介護をしていると体も精神も疲れてくるものです。

自分自身で疲れたと気がつけばいいのですが、介護に必死だと自分の体の声を聞くことを忘れるようです。

・腰痛、膝の痛み
・頭痛、肩こり
・胃炎、下痢や便秘
・風邪をひきやすくなった

などの症状が犬の介護をするようになってから見られるようでしたら、飼い主の生活の改善が必要です。

改善のためには、

・部屋を薄暗くしてよく寝る
・ぬるめの湯にゆっくり入浴する
・寝る前にストレッチをする
・美味しいものをゆっくり食べる
・肩が凝ったら、首をよく回して、ストレッチする
・腰が痛くなったら、腰を良くのばす

などのことをするだけで、随分と違うものです。

犬は話すことができないので、飼い主が気持ちを汲み取ってあげないといけません。老犬になってくればなおさらです。

でも、飼い主が、疲れていたり、イライラしていると、犬をキチンと看病できません。犬にもそのイライラが伝染し、よいことはありません。

だから、飼い主は、愛犬のために

も、犬の健康管理だけではなく、自分の健康管理をするのも大切なことなのです。

考え方を切り換える

あんなに愛らしかった瞳が白内障になり、目ヤニがひどくなったり、夜鳴きをするようになったりすると、悲観的になるものです。

そして、使命感に燃えて、少しでも、この犬のためにどうにかしようと思い「老い」と闘います。でも、よかれと思ったことがなかなか思った通りにいかなくて、ふさぎこんだりしてしまいます。

完璧にやろうとすると介護は大変。思いきって気持ちを切り換えて肩の力を抜きましょう。

・人生は山あり谷あり
・適当に楽観主義になる
・病院に預けても不意に亡くなることもある
・全部できなくても大丈夫
・毎日全部しなくても大丈夫
・困ったことがあれば、聞きにいけばいい
・だれかが助けてくれる

そう思うだけでも全く違います。介護は数日で終わる場合もあるし、1年以上続くこともあります。ずっと100メートルダッシュでは続きません。マラソンのつもりでゆっくり走りましょう。

飼い主の精神状態が不安定だと、犬にもよい影響を与えない。

episode 3

寝たきりの大型犬を１年間介護

Ｋさんとマック（18歳）

Ｋさんとマックの出会いは保健所です。最初から保護犬を迎えようと決めていたそうです。そしてマックの白いフワフワの毛にひとめぼれ。23キロほどあり、比較的大きな犬でしたが、散歩をきちんとしていたせいか、これといった病気をすることもなく16歳を迎えました。

17歳ぐらいから、後ろ足の踏ん張りが弱くなり、18歳になると寝たきりになってしまいました。自分で食べることも、水を飲むこともできません。体も大きいので、大腿骨の辺りに床ずれができました。肛門の近くでどうしてもウンチがついてしまうので、清潔に保つために、1日に何度も洗浄をしました。5キロ程度の犬なら抱きかかえるのもそう重くはありませんが、20キロを超えると、さすがに腰に負担がかかります。その世話が1年続きました。

私は往診に行ったのですが、きちんと世話される姿に頭が下がりました。短期でも大変なのに、1年間もです。結局マックは19歳少し手前で、この世を去りました。

献身的に介護しておられましたが、それでも、亡くなってみると、ああすれば、よかった、こうしてあげればよかったと思われるそうです。

ただ、マックには犬友がたくさんいたので、亡くなった後も随分心の支えになったとか。

「散歩中に見かけなくなったので」と人間の看護師さんが、人間の介護の仕方を教えてくださり、それを参考にされたそうです。

1年間介護され、看取られましたが、マックを通じて犬友との絆ができ、今でもマックに感謝の日々を送られています。

ありし日のマック。

5章

看取るということ

愛犬に永遠の命があればいいのですが、
残念ながらそうはいきません。
いつか必ず別れの時がやってきます。
でも飼い主に看取ってもらえるのは
愛犬にとって幸せなことです。
そう考えてその時に臨めれば、
納得の行くお別れができるかもしれません。

自然に亡くなるのが生命の基本

安楽死をどう考えるか

安楽死の考え方

私は、獣医師を25年間やっています。その経験から、**基本的には、安楽死をすすめていません。**私の考えですが、生命が生まれて、朽ちる、枯れる、死亡するというのは、運命です。植物が枯れるように、自然に亡くなるのが理想だと思っています。活発だった各臓器の動きがだんだんとゆっくりになり、そして食べなくなり、やがて冷たくなり、そして静かな死を迎えるというのが理想です。

例えばガンになって、点滴や強制給餌をしないと、自然と弱っていきます。人間の手で命を奪わなくても、自然に亡くなっていく方がいいと思います。生命というものは、畏怖の念を孕んだものなので、人間が動物の命の終わりを決めるのは、奢った考え方ではないでしょうか。これは、小動物相手に臨床をやっている獣医師の考えです（もちろん、産業動物にはそんな論理が通じないのは理解しています）。

ペインコントロール

現在の獣医学では、傷みを和らげる薬もたくさんとり揃えています。人間のガンの末期患者には、モルヒネを使って痛みを取ることはよく知られています。同じように、鎮痛剤の座薬（商品名レベタン）も使われます。その座薬を入れるだけで、犬は痛みがとれるようで、いつも通りの生活ができます。薬を飲ませるだけで、随分違う場合も多いです。

飼い主が納得行く最期を考えながら、獣医師と対話をして治療をしていきましょう。そのためにも、本音で話し合える信頼関係を、獣医師と作っておきたいものです。

必ずいい思い出にかわる時がやってくる

ペットロスに陥ったら

ペットロスは、病気でもなんでもありません。ペットを亡くした人なら、だれでもが経験することです。

愛犬の死に関して、悲しい、つらいなどの感情を持てるということは、それだけあなたも優しく、感受性が豊かだということです。

悲しみの段階

愛犬が亡くなったことで、取り乱したり、悲しんだりするのはよくないと思っていませんか。ただのペットの死なのだから、社会生活に支障をきたすことがないようにしなければと。

でも、その悲しみにもちゃんと段階があり、それを順に歩んでいくと、その悲しみとともに生きていけるようになります。

人によって差があるので、いつが来たらよくなるとはいえませんが、必ずいい思い出となる時が来るので、信じて前に進んでください。

▼第1段階（感情マヒの時期）

ショックのあまり現実に起こったことを否定します。つまり愛犬が亡くなったことを信じない時期です。

▼第2段階（思慮と検索の時期）

信じられないけれど、なにか違うなと思い始めます。

▼第3段階（混乱と絶望の時期）

目の前で起こっていることをだんだんと受け入れ始めます。そして、自分自身や獣医師に対してなど、怒りや怨みが沸き起こってくる時期です。

▼第4段階（再起の時期）

諦めの時期で、現実を受け入れようとし始めます。そして、悲しみとともに生きていこうと思い始めます。

自分の心の中に、愛犬の思い出という部屋を作ることができるようになってきます。

「虹の橋」伝説

犬の死については「虹の橋」伝説というのがあります。この世とあの世を渡す虹の橋があり、亡くなった動物たちはそこで飼い主が来るのを待っているというものです。病気だった動物は、元の元気な体になり、広い花の咲き乱れた草原で、走ったり、じゃれあったりして待ち続けます。

動物が先に天国へ行くこともできるのですが、この世に置いてきた飼い主のことが気になって、虹の橋で待っているのです。

飼い主が亡くなって、あの世に行くために虹の橋を渡ると、天国に行く前、愛するペットと会えるという伝説です。

ペットが亡くなり、今生のつらく寂しい思いをしますが、虹の橋の伝説を信じていると、救われる飼い主も多いと思います。虹の橋という考え方は、インディアンの詩から来ています。

▼「喪の儀式」・癒し方

愛犬の死から立ち直りやすい方法があります。

それは「喪の儀式」をすることです。人間が亡くなった時にやることを同じようにやってみると、悲しみが癒されて、闇の向こうに光は見えてくるものです。

▼遺体を見る

愛犬の亡きがらを見るのはつらいことです。

できるなら見たくないという気持ちはよくわかるのですが、冷たくなった愛犬を見たり、触ったりしておくと、現実に起こったことを受け入れやすくなります。つらいでしょうが、遺体と向き合いましょう。

愛犬の仏壇を用意し、写真やゆかりの品を飾るのもよい（写真提供：株式会社ディノス）

▼お通夜・葬式をする

宗教、形式にはこだわりません。どんな方法でもかまいません。献花だけでもいいので、飼い主のあなたが納得する方法で行ってください。生前の愛犬と親しかった人を招くのもいい方法かもしれません。

葬式などが終われば、49日忌、1周忌、3回忌、7回忌などもしてみてください。そのうちに、悲しみとともに生きていけるようになります。

他の人がペットロスになったら

ペットロスに陥っている飼い主の気持ちを、慰めるつもりで逆に傷つけてしまうことがありますので注意しましょう。

▼望ましくない言葉

「気持ちはよくわかりますよ」

愛する動物を亡くした経験のある人は、特にこういうフレーズを口にしがちです。過去の体験を思い出して、今目の前にいる飼い主もそんな感じなんだろうと思い、自分の体験を披露したりします。

ただし、それで何かが進展することはありません。悲しみに打ちひしがれている飼い主には、あなたの話などは耳に入りません。自分と犬との問題なのです。

「彼は、長生きしたんだから……」

犬の社会も高齢化しています。こんな時代だからこそ、陥ってしまうフレーズがあります。

「○○ちゃんは、長生きしたわよ。平均寿命より生きたんだからね」

この言葉は何の慰めにもなりません。平均寿命がなんだというのでしょう。飼い主というものは、いくつまで生きていても「もっと長生きして欲しかった」と思うものなのです。

「次の子を飼えば？」

ペットロスに打ちひしがれている人がこのフレーズを聞けば「この人、どういう神経の持ち主なんだろう」と思うでしょう。

飼い主にとっては、我が子も同然の、この世に1頭しかいないかけがえのない犬を亡くしてしまったのです。それ以外の犬ではダメなのです。

point

◆獣医師に死期を尋ねる

交通事故などの場合は、死を予測できませんが、病気を患っていて、動物病院に通っていれば、ある程度死は予測できます。獣医学が進歩してきたので、心電図、血液検査などでわかるのです。

飼い主であるあなたが、獣医師に愛犬の死期を尋ねるのは、つらいことかもしれませんが、あえて聞いてみてください。そうすることで、ある程度心の準備ができるものなのです。まだ1か月は大丈夫と思っていても、獣医師の目から見たら、1週間もたないかもしれません。1か月と1週間だと、衝撃は違います。死期を知っているのと、そうでないのとでは、後で大きな違いが出てきます。

どう接すればよいか

いちばんよいのは、飼い主さんに思いっきり語ってもらうことです。

亡くなる前に、どのような様子だったか尋ねてみてください。飼い主も「思い出」を語ることで、悲しみが整理されていくものです。

黙って話を聞いてあげる、それだけで随分違います。

ペットロスの悲しみにくれている人は、身体を突き動かすような「打ち明けたい気持ち」のうねりが起こってきます。話してもらう環境も大切で、できれば、本人が落ち着けるような場所で話が聞ければ、なおよいでしょう。

また、お花などをお供えするのも慰めにつながります。自分の愛犬の死を他にも悲しんでくれる人がいるということが、心の支えになります。

episode 4

亡くなった愛犬に手紙を

Bさんとラッキー（16歳）

ありし日のラッキー。

2001年、マルチーズのラッキーは16歳で旅立ちました。今ほど、シニア犬のフードや介護用品が、量販店に売っていなかった時代です。

ラッキーは、10歳ぐらいから心臓病を患っていましたが、苦しそうな時に内服薬を飲ませる程度の治療でよく、さほどひどくありませんでした。最期は、お母さんの腕の中で眠るように亡くなりました。

家族は、日々弱っていくラッキーを見ていたので、いずれこの世からいなくなることはわかっていました。それでも、いざこの世からいなくなると、それは大きな喪失感でした。街でマルチーズを見るだけで、ラッキーを思い出して涙していたのです。10年前はブログもなく、同じ思いをした人に共感をよせることもできませんでした。

当時、大学生だった弟さんは東京にいました。もの心ついたころからラッキーと一緒だったので、亡くなったとわかっていても気持ちの整理がつかず、東京からラッキー宛てに手紙を書いたといいます。手紙でラッキーに謝ることで、少しは心が軽くなったとか。

みなさん、まだ、心のどこかにペットロスは残っていますが「その気持ちを大事にずっと持って生きていく」とおっしゃっています。

さくいん

後書き

臨床獣医師として25年以上、診察に携わってきました。診察室には、後肢に力がない、息づかいがおかしいなどの老犬が数多くやってきます。日本の有史以来、初めての老犬時代に突入しています。

飼い主が戸惑うのは、無理もないことです。でも、「老犬は、1日にしてならず」です。「老い」は、急にはやってきません。年月とともにゆっくりとしのびよってきます。愛犬に元気で長生きしてもらう、つまり健康年齢を延ばすためには、正しい知識を持っていなければならないのです。

知識を持っているだけで随分違います。介護している時、飼い主がつらそうにしていたら、きっと愛犬も喜ばないでしょう。愛犬に「老い」の兆候が見られた時、介護が必要になった時、世話をしていて悩む時などに、ページをめくっていただければ幸いです。

この本を出すにあたって、青丹社の編集者の松村理美さんに大変お世話になりました。2頭のケアーン・テリアを飼われている愛犬家だけあって、その視点を随所にちりばめてくださいました。この場をお借りして感謝いたします。

飛鳥メディカル様、酒井医療様、ヤマヒサ様、Meiji Seikaファルマ様など多数の皆様のご意見を頂戴して、本書はできあがりました。本当にありがとうございます。この本にご協力いただいた皆様、そして私の臨床経験が、少しでも老犬とその飼い主のお役に立てば、こんなに嬉しいことはありません。

SPECIAL THANKS

順不同・敬称略

ホイップ
チワワ

トト
ジャック・ラッセル・テリア

モコ
トイ・プードル

ラッキー
シー・ズー

HUKU
ボストン・テリア

ジャックスパロウ
ミニチュア・シュナウザー

メグ
ウエルシュ・コーギー・ペングローブ

ベルガ
フレンチ・ブルドッグ

ハル
フレンチ・ブルドッグ

ぴーち
キャバリア・キング・チャールズ・スパニエル

プリシラ
シェットランド・シープ・ドッグ

はな
柴

ハリー
ボーダー・コリー

ロブ
ボーダー・コリー

エンジェル
ゴールデン・レトリーバー

ムク
バーニーズ・マウンテン・ドッグ

ダイム
バーニーズ・マウンテン・ドッグ

KC
ゴールデン・レトリーバー

ZORRO
アメリカン・コッカー・スパニエル

パーシー
雑種

チャーリー
ケアーン・テリア

ルーシー
ケアーン・テリア

ナナ
柴

ショコラ
トイ・プードル

メソ
ミニチュア・ダックスフンド

パル
雑種

RUN
パグ

石井万寿美（いしい・ますみ）

獣医師。1961年、大阪府生まれ。1986年酪農学園大学大学院獣医学研究科修了。動物病院勤務を経て、大阪府守口市に「まねき猫ホスピタル」を開業。臨床獣医師として日々患畜を診る一方、新聞雑誌等でアニマルライターとして活躍。現在「ますみ先生のにゃるほどジャーナル」（朝日新聞関西版）、「いしいますみの老犬学入門」（雑誌『ぐらんわん！』）を連載中。著書に『動物の患者さん』（水曜社）、『動物のお医者さんになりたい』『虹の橋のたもとで』（以上コスモヒルズ）など。
URL: http://www.sam.hi-ho.ne.jp/manma/

カバー写真：©BLOOM image/amanaimages
カバー・本文デザイン：井川祥子
編集：松村理美（青丹社）
イラスト：あきんこ
本文写真：梅田信幸/石井万寿美/松村理美/
長谷川照子/福士美奈子

老犬との幸せな暮らし方

認知症・病気・介護・日常生活から最新治療法まで

発行日：2012年8月5日　初版第1刷
発行人：仙道弘生
発行所：株式会社 水曜社
160-0022 東京都新宿区新宿1-14-12
TEL 03-3351-8768　FAX 03-5362-7279
URL: http://www.bookdom.net/suiyosha/
編集制作：青丹社
印刷：シナノ印刷

©ISHI Masumi 2012, Printed in Japan
ISBN978-4-88065-279-5 C2076